*Mythos Wildnis*

Norbert Suchanek

# *Mythos Wildnis*

Schmetterling Verlag

Die Deutsche Bibliothek – CIP-Einheitsaufnahme

Suchanek, Norbert:
Mythos Wildnis / Norbert Suchanek. – 1. Auflage., – Stuttgart:
Schmetterling-Verl., 2001
ISBN 3-89657-574-0

*Für Darrell Addison Posey,*
*einem großartigen Menschen,*
*Wissenschaftler und Freund.*
*Er verstarb am 6. März 2001*

Schmetterling Verlag
GbR Jörg Hunger und Paul Sandner
Lindenspürstr. 38b
70176 Stuttgart
www.Schmetterling-Verlag.de
Der Schmetterling Verlag ist Mitglied von aLiVe,
der assoziation Linker Verlage.

ISBN 3-89657-574-0
1. Auflage 2001
Printed in Germany

Titelgestaltung: Jörg Exner, nach einem Gemälde von Henri Rousseau
Satz und Reproduktionen: Schmetterling Verlag
Druck: GuS-Druck GmbH, Stuttgart
Binden: IDUPA, Owen

# Inhalt

# Vorwort: Abschied vom Mythos Wildnis

Die Wildnis macht sich wieder bei uns breit. Doch keine Angst: Dies geschieht nicht draußen in unseren Fluren und Wäldern, sondern eher im Blätterwald von Printmedien und bunten Urlaubskatalogen und im elektronischen Rauschen der Fernsehsender. Parallel zum Wildnis-Trend im Bücher- und TV-Markt propagiert besonders die Tourismusbranche «Wildnis» als das natürliche Traumziel von Natur- und Abenteuerurlaubern. Hochbezahlte Manager sollen in teuren «Wildniskursen» wieder fit gemacht werden für den «tristen» Alltag. Und der Bund für Umwelt und Naturschutz Deutschland (BUND) startete Anfang des 21. Jahrhunderts eine Kampagne, die zum «Mut zur Wildnis» aufruft. Selbst der Golfsport hat die «Wildnis» als Propagandamittel entdeckt und bezeichnet seine rund um die kurzgeschorenen und mit Chemie gedopten «Greens» plazierten Kunstbiotope als Wildnis. Doch was ist Wildnis überhaupt?

Die Repräsentanten indigener Völker sind bis heute auf das Wort «Wildnis» nicht gut zu sprechen. Dies gilt besonders für Vertreter der australischen Aborigines. So heißt es in einer Resolution der Aborigines des Northern Land Council von 1996: «Der Begriff ‹Wildnis› und seine verwandten Wortbildungen ‹Wilde Ressourcen›, ‹Wilde Nahrungsmittel› usw. sind unakzeptabel. Diese Begriffe haben die Bedeutung von ‹terra nullius›, leeres, unbewohntes Land und Ressourcen ohne Eigentümer. Und deshalb sollten alle beteiligten oder betroffenen Menschen und Organisationen alternative Wörter verwenden, die nicht die indigene Geschichte ausschließen.»

Aus diesem Zitat spricht die jahrhundertelange, unheilvolle Erfahrung der Ureinwohner mit dem Wörtchen «Wildnis», das immer dann herhalten mußte, wenn es darum ging, noch uneuropäisierte Regionen und noch nicht dem westlichen Profitstreben unterworfene Gebiete unseres Planeten zu erobern und den dort lebenden einheimischen Völkern kostenlos zu nehmen, ohne dabei ein schlechtes Gewissen haben zu müssen. Selbst die Bibelübersetzungen strotzen vor «Wildnissen», die nur darauf warteten, vom «Auserwählten Volk» besetzt zu werden. So ist es kein Wunder, daß die westeuropäischen Eroberer Amerikas ihre «Entdeckung» als Wildnis und die darin lebenden Ureinwohner als Wilde bezeichneten. «Wild» und «Wildnis» wurden gern verwandt, denn das, was «wild» ist, darf man(n) sich ungestraft nehmen. Wildes Land, Wildpflanzen und Wildtiere gehören ja niemandem. Auch die portugiesischen Kolonialherren nannten das hinter den Küstenbergen liegende Landesinnere Nordostbrasiliens «Sertão», «Wildnis», obwohl auch dort Ureinwohner lebten. Noch heute trägt diese Region den Namen «Sertão», und noch heute kämpfen die verbliebenen über zwanzig einheimischen Völker des trockenen Nordostbrasiliens fast aussichtslos um ihre Anerkennung. Sie werden einfach von der brasilianischen und der Weltöffentlichkeit ignoriert, denn sie leben ja am Rand der Gesellschaft in der menschenleeren «Wildnis», im Sertão, eben.

Als der Portugiese Pedro Alvarez Cabral 1500 erstmals brasilianischen Boden betrat, fand er kein wildes, unbewohntes Land vor, sondern die Heimat zahlreicher indigener Völker. Doch dies spielte keine Rolle, denn diese zweibeinigen, oft leicht

oder gar nicht bekleideten Wesen waren ja «Wilde». Menschen anderer Kulturen, die ihr Glück nicht in der Anhäufung von Geld, überflüssigen Kleidern und nicht im Schaffen von großen, steinernen Gebäuden sehen, werden noch bis in unsere Tage hinein als «Wilde» bezeichnet. Dies trifft nicht nur auf die Unterwerfung und Auslöschung vieler nord- und lateinamerikanischer Indianervölker zu. Gleiches gilt für die Besiedlung Australiens, die ebenfalls in der «Wildnis-Lüge» Rechtfertigung fand.

Nun entdecken westliche Umweltschützer und Tourismusmanager den Begriff «Wildnis» neu. Die einen hoffen dadurch, den Naturschutzgedanken zu erweitern und attraktiver zu machen. Die anderen wollen Urlauber in die letzten «Wildnisse» locken. Die Branche spricht bereits von der «Sucht nach Wildnis». Parallel dazu versuchen die neuen, sich selbst «Life-Science-Unternehmen» nennenden Konzerne, die man früher schnöde als Chemie- oder Pharmariesen bezeichnete, die «wilden» Pflanzen und Tiere für sich zu entdecken, genetisch zu verändern und zu patentieren. Diese Entwicklungen werden von den indigenen Völkern als ernste Bedrohung des

Durch Abholzung und Bodenerosion entstandene «neue Wildnis» in Brasilien

dritten Jahrtausends angesehen. Mit der ersten Wildnis-Lüge hatten die Westeuropäer einst den Ureinwohnern das Land gestohlen. Nun werden diesen mit der zweiten Wildnis-Lüge die natürlichen Ressourcen geraubt, und ihre letzten Rückzugsgebiete werden geplündert – (unfreiwillig?) unterstützt von einer naiven Sichtweise westeuropäischer, US-amerikanischer oder «US-amerikanisierter» Naturschützer.

Im August 2001 richten die Vereinten Nationen in Südafrika die dritte Weltkonferenz gegen Rassismus aus. Dort werden die Rechte der indigenen Völker vorrangiges Thema sein, denn sie sind Opfer eines seit Jahrhunderten andauernden Rassismus, der die Kultur der Ureinwohner als «unzivilisiert» und «primitiv», ihre Lebensräume als «unbewohnt», als «menschenleere Wildnis», und sie selbst als «Wilde» bezeichnet. Ich hoffe, daß dieses Buch im Vorfeld und nach dieser UN-Konferenz einen Beitrag dazu leistet, mehr Verständnis für die Geschichte und berechtigten Forderungen der heute noch etwa dreihundert Millionen Menschen zählenden und Hunderte von indigenen Völker umfassenden Gruppe der Ureinwohner zu schaffen.

*«Wer Veränderung will, muß selbst damit beginnen. Eine bessere Gesellschaft wird uns von niemandem geschenkt.»*
*Rosa Luxemburg*

# Die Wildnis im Deutschen

*«Abgründe schließen rings umher uns ein,*
*in dieser Wildnis fürcht' ich keinen Zeugen.»*
*Friedrich Schiller (1759-1805)*

## Was bedeutet das Wort «Wildnis»?

«Wildnis» ist ein Wort, das in vielen Köpfen unterschiedliche Assoziationen wecken kann. Dank Abenteuerromanen wie Jack Londons «Ruf der Wildnis» wird sie beispielsweise positiv als Spielplatz für allerlei Abenteuer verstanden. Die romantische Vorstellung wiederum sieht in Wildnis eine von Menschenhand unberührte, reine Natur. Doch wie wird dieses Wort tatsächlich im Deutschen definiert?

Etwa seit dem 16. Jahrhundert steht Wildnis in der deutschen Sprache für eine unbewohnte, unwegsame Gegend, die ein Wald sein kann, eine Wüste, ein Gebirge oder eine «üppigwuchernde Fülle». «Die gewöhnliche volkstümliche und ältere Vorstellung der Wildnis ist die eines ‹dichten Waldes› oder ‹unwegsamen Gebirges›», schreiben die Gebrüder Grimm in ihrem Deutschen Wörterbuch. Auch gilt Wildnis als das Gegenteil von Acker- oder Kulturland. So schrieb Friedrich Schiller vor rund 200 Jahren: «Drum haben unsere Väter für den Boden, den sie der alten Wildnis abgewonnen, die Ehr' gegönnt dem Kaiser.» Für den Philosoph Arthur Schopenhauer, der zu Beginn der Kolonisierung Australiens geboren wurde, war die Wildnis das Gegenstück zur Zivilisation. Für Sebastian Franck, Schriftsteller und protestantischer Prediger, aufgewachsen in der Zeit der frühen Kolonisierung Lateinamerikas, galt Wildnis gar als Gegenteil von Paradies. Für ihn war das Germanien des 16. Jahrhunderts das Paradies, während es vorher eine «wüste wildnus Germaniae» war. Schließlich ist Wildnis «namentlich ein wildes, von der Kultur noch nicht berührtes Land in fernen Erdteilen», heißt es im Deutschen Wörterbuch.

*«Die Lappländer*
*sind nicht rechte Christen,*
*dann sie nur*
*in der Wildnis nisten.»*
*Opel-Cohn, zur Zeit des 30jährigen Krieges*

Eng verbunden mit der Wildnis ist der Begriff «wild». Er bezeichnet traditionell zunächst alle jagdbaren und im weiteren Sinn alle frei oder wild lebenden Tiere. In Verbindung mit Pflanzen verdeutlicht «wild» den Unterschied zu den Kulturpflanzen. Wildpflanzen wachsen ohne Zutun des Menschen, sind unkultiviert. Als kulturlos bezeichnete Menschen bekamen gleichfalls das Wörtchen «wild» verpaßt. So spricht die frühe deutsche Literatur zunächst von «Wilder Mann», «Wildmensch», «Wildling», «Wildleute», von «Menschen der Wildnis». Wilde Menschen leben im «Naturzustand», sind «unkultiviert», «roh», «gefährlich», «unvernünftig».

*«Die wilden Männer sind s' genannt,*
*am Harzgebirge wohl bekannt,*
*natürlich nackt in aller Kraft*
*sie kommen sämtlich riesenhaft.»*
*Johann Wolfgang von Goethe, 1749-1832*

Ab dem 17. Jahrhundert wird zunehmend von den Wilden in Verbindung mit fremden Völkern gesprochen, von den «wilden Mohren», den «wilden Indiern», den «wilden Schotten». Etwas später wird in der deutschen Schriftsprache aus dem Adjektiv «wild» das Substantiv «Wilde». Mit den «Wilden», dem «Wilden» oder der «Wildin» bezeichneten die Autoren im 17. Jahrhundert durchweg die als kulturlos geltenden Menschen und Völker Irlands, Amerikas und anderer ferner Regionen.

*«Ruhig lächelnd sagte der Hurone.*
*Seht ihr fremden, klugen,*
*weißen Leute,*
*seht, wir Wilden*
*sind doch die bessren Menschen.»*
*Johann Gottfried Seume (1763-1810)*

Auch die Wissenschaft der Neuzeit übernahm den Ausdruck «Wilde» für die «Naturvölker» der Neuen Welt, wenn auch nur mit dem Zusatz «sogenannt». Dies zumindest stellten die Gebrüder Grimm in ihrem Wörterbuch fest. Durch die Verwendung von «sogenannt» kaschierten einige Forscher wahrscheinlich ihr schlechtes Gewissen. Vielleicht wollte sich der ein oder andere «Gelehrte» mit dem Zusatz «sogenannt» auch aus der Verantwortung für die Abwertung anderer Völker und Kulturen stehlen.

*«Umstritten: Reiseberichte der kolonialen Ära strotzen vor Kannibalen-Geschichten. Das lasen Europäer gerne. Und es rechtfertigte den unmenschlichen Umgang mit ‹ Wilden›.»*
*Ulrich Eberl, Bild der Wissenschaft, März 2000*

Denn schon früh gab es Bedenken gegenüber den, so das Deutsche Wörterbuch, «oft unberechtigten Gebrauch des Wortes». «Tatsächlich», heißt es weiter, «wendet der gewöhnliche Sprachgebrauch das Wort auch auf Völker an, die durchaus nicht ohne Kultur sind, namentlich wenn sie in recht fernen Ländern wohnen.»

Einer der sich gegen die falsche Anwendung des Wörtchens «Wilde» wandte, war der 1781 in Frankreich geborene, weltreisende Botaniker und deutsche Dichter Adalbert von Chamisso. Das Deutsche Wörterbuch zitiert ihn: «Die also dichten und singen, werden meist von unseren Schriftgelehrten, ja unseren Reisenden ‹Wilde› genannt! Ein Sprachgebrauch, dem ich mich nicht fügen kann.»

Insgesamt läßt sich aus dem bis heute gültigen Sprachgebrauch von Wildnis und seiner verwandten Wörter auf eine stark christlich-eurozentristische Sichtweise schließen. Alles, was noch nicht christianisiert war oder was nicht den eigenen Vorstellungen von Kultur und Landwirtschaft entsprach, wurde als minderwertig abqualifiziert, auf eine andere Stufe gestellt und als «wild», «Wilde» oder «Wildnis» bezeichnet.

Doch von einer anderen Sichtweise, von einem anderen Standpunkt aus betrachtet: Gab es so etwas wie eine Wildnis überhaupt? Die Inuits in den Nordpolargebieten beispielsweise halten ihre eisige, oft als die «Weiße Wildnis» titulierte Heimat schließlich nicht für ein «unbewohntes, ungenutztes» Land. Gleiches ist von den Amazonasvölkern zu sagen, die mitten in der auch als «Grünen Hölle» bezeichneten «Grünen Wildnis» leben. Denn für sie ist der angeblich undurchdringliche Wald ein nützlicher Garten, ein Medizinschrank, ein dreidimensionales Feld, eine Kulturlandschaft.

Wann und wo gab es überhaupt unbewohntes, ungenutztes Land, das die westliche Wissenschaft ehrlichen Gewissens als Wildnis bezeichnen kann? Und ab wann ist ein Volk kulturlos und ab wann zivilisiert? Ist ein Volk erst dann zivilisiert und damit nicht wild, wenn es gelernt hat, Kanonen zu bauen und damit andere Mitmenschen in die Luft zu sprengen? Ist ein Volk erst dann kultiviert, wenn es gelernt hat, hochproduktive Regenwälder kahlzuschlagen, um dann auf vergleichsweise ärmlichen Äckern ungesunde Monokulturen anzupflanzen? Warum gilt die Kultur von Völkern, die Sklavenarbeit oder enorme Mengen an Energien und Rohstoffen aufgewendet haben, um monumentale, steinerne Gebilde, Tempel oder Paläste zu bauen, weiterhin als «Hochkultur», während andere Völker, die auf solche Energie- und Ressourcenverschwendungen oder auf die Versklavung von Mitmenschen verzichtet haben, lange Zeit als Wilde galten und noch heute oft den Zusatz «primitiv» erhalten?

Wie gering muß der Einfluß des Menschen auf einen Ort sein, damit dieser das Prädikat «Wildnis» bekommt oder nicht bekommt? Wie unbeeinflußt vom Menschen muß ein Ort wirklich sein, daß er als Wildnis, als unberührt, gilt. Welcher Ort der Erde wird heute nicht absichtlich oder unabsichtlich vom Menschen beeinflußt? Zählt nur die beabsichtigte Veränderung eines Ökosystems als Kulturleistung? Ist deshalb ein «nur» unabsichtlich vom Menschen verändertes Ökosystem – beispielsweise durch ein Öltankerunglück vor Alaska oder durch eine geplatzte Pipeline in Sibirien – noch Wildnis?

*Durch grause wildnis ohne trost und rath,*
*irrt mein verlangen, einsam, hoffnungsleer.»*
*Gustav Freytag, Schriftsteller (1816-1895)*

Ab wann gilt ein Land als unbewohnt, unbetreten oder ungenutzt und damit als Wildnis? Wie lange muß ein Ort oder ein Gebiet sich selbst überlassen sein, damit es als Wildnis gilt? Eine Stunde, einen

Monat, ein Jahrzehnt? Ist ein übersichtliches Gen-Mais-Feld, das monatelang nicht von einem Menschen betreten wird, eine Wildnis? Warum soll ein unübersichtlich scheinender, vielfältiger Wald, den Menschen tagtäglich betreten, um darin zu jagen und Nahrungspflanzen zu sammeln, weniger oder mehr Wildnis sein, als das kaum betretene Mais- oder Sojafeld? Oder anders ausgedrückt: Wie lange muß ein Mensch fort sein, damit ein anderer sich dessen Besitz «rechtmäßig» aneignen und nach seinen eigenen Lebensvorstellungen verändern darf?

***Zum Nach- und Weiterlesen:***

*Jacob und Wilhelm Grimm, «Deutsches Wörterbuch», Vierzehnter Band, II. Abteilung. Leipzig: Verlag von S. Hirzel, 1960.*

*Eberl, Ulrich, «Macht durch Menschenfleisch», Bild der Wissenschaft, 3/2000*

# Wildnis im Dienste der Kolonisierung

## Am Anfang war das Wort... Wildnis

Die USA sind das Land, in dem Wildnis zu einem der wichtigsten Worte seiner jüngeren Geschichte wurde. Zahllose Romane und Hollywoodfilme über den sogenannten Wilden Westen prägten ganze Generationen. In der populären Vorstellung ist der Westen der USA noch heute eine weite, unbewohnte Landschaft, eine «Region, die hinter dem Rand der Besiedlung, an der Grenze von nationaler und sogar internationaler Expansion liegt», schreibt Clyde A. Milner im Oxford History of the American West. Der Westen sei eine natürliche Wildnis, definiert als ein Ort, wo keine Menschen lebten. «Diese Imagination des Westens», kritisiert Milner, «ignoriert aber die klar begründete Präsenz von einheimischen Völkern und verschiedenen Gruppen nichteinheimischer Menschen, die dort siedelten. Sie negiert das menschliche Erbe, das den Westen sowohl von innen als auch von außen geformt hat.» Erst die brutale Beseitigung der Ureinwohner und die europäische Besiedlung der USA schuf Wildnisse, die es vorher nur in den Köpfen oder als Worte gab.

*«Für uns Indianer war das weite Grasland, die Prärie, mit ihren schönen, wie Meereswogen dahinrollenden Hügeln, mit ihren sich schlängelnden Flüssen und den dicht verwachsenen Ufern keine ‹Wildnis›. Nur der Weiße empfand die unberührte Natur als ‹Wildnis›, verseucht mit ‹wilden› Tieren und ‹wilden› Menschen. Erst als die bärtigen Männer aus dem Osten kamen und uns und die Familien, die wir liebten, mit Haß und Wut verfolgten, wurde dieses Land für uns zu einer ‹Wildnis›. Als die Tiere vor den Weißen aus den Wäldern zu fliehen begannen, fing für uns der ‹Wilde Westen› an.»*
*Luther Standing Bear*

Was den ersten Kolonisten Nordamerikas durchaus klar bewußt war, nämlich daß sie in kein menschenleeres Land eindrangen, wurde späteren Generationen kaum noch vermittelt. Milner: «Die europäischen und afrikanischen Neuankömmlinge in Nordamerika siedelten nicht auf leerem Land. Einige Reisende, Händler und Entdecker haben vielleicht eine große Wildnis mit wenigen Bewohnern gesehen, aber was sie nicht verstanden, war, wie die Ankunft von neuen Völkern die Entvölkerung ausgelöst hatte, die an manchen Orten erst eine Wildnis möglich machte.» Mehr als ein Dutzend Infektionskrankheiten, angeführt von Pocken, Masern und Typhus, rotteten weite Teile der einheimischen Bevölkerung Nord-, Mittel- und Südamerikas aus. «Wahrscheinlich bis zu fünfzig Millionen starben während des ersten Jahrzehnts des ersten Kontakts», schreibt Milner. Die europäischen Seuchen verwüsteten vor allem die Gebiete mit einer ursprünglich hohen einheimischen Populationsdichte wie das große Mississipi-Tal und das Azteken- sowie das Inka-Reich im heutigen Mexiko und Peru. «Die Folgen der Seuchen nach 1500 erzeugten in der westlichen Hemisphäre das größte demographische Desaster in der menschlichen Geschichte», schließt Milner.

*«Es wird angenommen, daß es im 17. Jahrhundert über 12 Millionen Ureinwohner in Nordamerika gab. 1900 waren davon 800.000 übrig. Mindestens 11 Millionen wurden aus dem Gesicht der Erde gewischt. Es ist offensichtlich, daß Rassismus die Maschine war, die dies tat. Die Einheimischen mußten als weniger [wert] als Menschen betrachtet werden, um in solch großer Zahl getötet werden zu können.»*
*Alberto Saldamando, General Council of the International Indian Treaty Council*

Doch nicht nur die unbewußt und bewußt eingeschleppten Seuchen machten den einheimischen Völkern des Doppelkontinents den Garaus. In Nordamerika metzelten die ersten europäischen Siedler Anfang des 17. Jahrhunderts die Urbevölkerung zu Tausenden hin. In seinem Buch «American Holocaust» hielt David E. Stannard 1992 über die erste britische Siedlungswelle fest: «Hunderte von Indianern wurden in Scharmützeln getötet, ein Scharmützel folgte dem anderen. Andere Hunderte wurden in erfolgreichen Massenvergiftungsaktionen umgebracht... Ihre Kanus und Fischnetze wurden zerstört, ihre Dörfer und Felder wurden niedergebrannt... Es war der erklärte Wunsch der Kolonisten, daß die Indianer ausgelöscht, entwurzelt wurden, damit sie nicht mehr länger ein Volk auf dem Gesicht der Erde sind.»

*«Für Euch Weiße waren wir Wilde. Ihr habt unsere Gebete nicht verstanden. Ihr habt nicht einmal versucht, sie zu verstehen.»*
*Tatanga Mani, indianischer Botschafter des Friedens vom Volk der Stoney-Indianer, Kanada*

Um diesen Genozid zu rechtfertigen, definierten die Führer der Kolonisten und europäischen Gelehrten die Indianer kurzerhand als «Wilde», als «Untermenschen», niedriger als Tiere. Auch der berühmte George Washington «verglich sie (die Ureinwohner Nordamerikas) mit Wölfen, ‹Raubtieren›, und rief zu ihrer totalen Vernichtung auf», schreibt Peter Montague im Ecologist, Dezember 1999. Der erste Präsident der Vereinigten Staaten von Amerika fand reihenweise Menschen unter seinen Landsleuten, die den Aufruf ernst nahmen und umsetzten, je weiter die Kolonisierung nach Westen vordrang. So rief 1858 auch der Gouverneur von Kalifornien offiziell zur «Exterminierung», zur Ausrottung der Indianer, in seinem Staat auf. Und die frühen US-amerikanischen Massenmedien, die Zeitungen, machten mit.

März 1863 titelte die Rocky Mountain News in Denver: «Exterminate Them». Gemeint waren selbstverständlich die noch verbliebenen Ureinwohner. Der in Santa Fe erscheinende New Mexican unterstützte im April 1863 den Aufruf und plädierte seinerseits für die «Ausrottung der Indianer». Der Aufruf trug schnell Früchte. Und John Muir konnte bereits ein Jahr später in den Rocky Mountains sein erstes menschenleeres Naturschutzgebiet im Yosemite-Tal und neun Jahre später mit dem Yellowstone den ersten Nationalpark der USA gründen. Aber damit nicht genug: Noch 1891 durfte der Schriftsteller Frank L. Baum im Aberdeen Saturday Pioneer von Kansas offen die amerikanische Armee dazu auffordern, durch die «totale Vernichtung» der wenigen noch verbliebenen Indianer «ihren Job zu beenden». Peter Montague: «Zu diesem Zeitpunkt war die einheimische Bevölkerung bis auf 2,5 Prozent ihrer ursprünglichen Anzahl reduziert worden.» 250.000 verbliebene Ureinwohner standen in den USA Ende des 19. Jahrhunderts einer nichtindianischen Population von 75 Millionen gegenüber.

*«Berauscht von ihrer Macht und ohne jedwedes Verantwortungsgefühl, frönen die neuen Herren des Pflanzstaates nur der Befriedigung ihrer Launen... Die Indianer wurden von den Spaniern zu Sklaven erniedrigt... Die Kornspeicher sind geleert, die Herden des indianischen Kamels wurden vernichtet. Tausende dieser Kamele wurden geschlachtet, um die üppigen Gelüste von Feinschmeckern zu befriedigen... In den letzten vier Jahren wurden mehr indianische Kamele geschlachtet als in den 400 vorher.»*
*Bartolomé de Las Casas, 1542, aus seiner Denkschrift über Peru.*

Was im nördlichen Teil Amerikas unter vornehmlich britischer und später US-amerikanischer Herrschaft geschah, hatte Vorbild und Entsprechung – wenn auch unter anderen Vorzeichen – im südlichen Teil des Kontinents unter spanischer und portugiesischer Führung, finanziell und personell unterstützt von deutschen Handelshäusern und Landsknechten. Obwohl die spanische Krone Südamerikas Ureinwohner offiziell 1543 zu «wahren und treuen Vasallen» erklärte und «ihre Freiheit vollständig» anerkannte, wurden sie dennoch oft als «Wilde» tituliert und auf der Suche nach Gold, Gewürzen, Medikamenten und Siedlungsland aus küstennahen Gebieten und fruchtbaren Flußtälern Lateinamerikas vertrieben, unterjocht oder ermordet. «Von Anfang an, sahen die Spanier die Ureinwohner Amerikas als natürliche Sklaven, als wilde Arbeitstiere (Beasts of Burden), als Teil der Beute», schreibt zwar Hans Koning, Autor von «The Conquest of America: How the Indians lost their Kontinent».

Doch die ersten Berichte der europäischen Amerikabesucher sprachen noch von den «edlen Wilden». So beschrieb Kolumbus 1493 in einem Brief an Santangel die Ureinwohner, denen er begegnet war, als Menschen mit «einem schön geformten Körper und gewinnenden Gesichtszügen und einem gesunden Menschenverstand», als «ehrliche und freigiebige Menschen, daß es niemand für möglich halten würde, der es nicht selbst erlebt hat. Was man auch von ihnen verlangt, nie werden sie es verweigern, sondern es einem herzlich anbieten, wobei sie sich mit jeder noch so geringen Gegengabe zufriedengeben.» Und der «Entdecker» Amerigo Vespucci schrieb über die Indianer Kubas: «Es steht außer Zweifel, daß das Land ihnen allen gemeinsam gehört wie die Sonne oder das Wasser und daß sie kein Mein und Dein (die Samen allen Unheils) kennen. Sie begnügen sich mit so wenig, daß in diesem großen Land eher Überfluß denn Mangel herrscht. Sie scheinen also in der goldenen Welt zu leben, ohne Mühsal und Plage, in offenen Gärten, nicht verschanzt hinter Wällen, getrennt durch Hecken oder bewehrt durch Mauern.» Doch Kirkpatrick Sale zufolge wurde dieses positive Indiobild schon bald nach der Entdeckung der immensen Schätze Mittelamerkas durch den spanischen Conquistador Hernando Cortez allmählich vom Bild des wilden Ungeheuers, des Menschenfressers abgelöst.

Immer mehr Berichte sprachen nicht mehr von edlen Wilden, die in einem Paradies lebten, sondern von unheilvollen Wesen und unmenschlichen Kreaturen wie beispielsweise der Dominikanermönch Tomás Ortiz Mitte des 16. Jahrhunderts: «Sie sind mehr dem Laster verfallen als jedes andere Volk. Sie kennen keine Gerechtigkeit... Sie sind einfältig und dumm. Sie sind undankbar und wankelmütig... Sie sind unmenschlich... Je älter sie werden, desto schlimmer werden sie. Mit zehn oder zwölf Jahren scheinen sie noch gesittet, später aber werden sie zu wahren Ungeheuern. Ich kann daher versichern, daß Gott kein verderbtes Menschengeschlecht erschaffen hat, das so sehr jeglicher Güte und Herzensbildung entbehrt.» Diese systematische Verunglimpfung der Ureinwohner in der Neuen Welt diente der Rechtfertigung, um ihnen ihre Schätze, ihre Freiheit, ihr Land und ihr Leben zu nehmen. Oder wie es Kirkpatrick Sale 1991 in seinem Buch «Das verlorene Paradies» formuliert: «Die Menschen des christlichen Europa konnten mit der Realität des edlen Wilden in der goldenen Welt des Paradieses nur leben, indem sie aus den fremden Völkern allmählich wilde Ungeheuer machten,

*Man erzählte mir, daß sich hier allerdings mehrere Holländer aufhielten, die sich sogar in eheliche Verbindungen mit den Karibikweibern eingelassen hatten und den Wilden Gewehre lieferten, mit welchen sie die Missionare erschießen. Wir sahen eines der Weiber, als wir nahe dem Ufer dahinfuhren. Es war völlig nackt und zeigte uns durch eine unzüchtige Gebärde an, wir sollten uns seiner bedienen. Wären wir an Land gegangen, hätten uns die Kariben gefressen.»*
*Aus dem Tagebuch des Jesuitenpaters Samuel Fritz, der in Prag studierte und 1684 nach Südamerika ging.*

die in einer abscheulichen Wildnis hausten.»

Im 16. Jahrhundert, als Spanier, Portugiesen und zahlreiche europäische «Glücksritter» Amerikas «wilde» Bevölkerung dezimierten und kolonisierten, begann das Königreich England mit der Kolonisierung seiner Nachbarinsel Irland. Freilich war zu diesem Zeitpunkt Irland gleichfalls keine Wildnis und nicht unbesiedelt. Die vor allem im Norden der Insel halbnomadisch lebenden Iren wurden aber so wie die amerikanische Urbevölkerung abwertend als «Wilde» bezeichnet. Ihr Lebensraum wurde ihnen im 17. Jahrhundert nach und nach unrechtmäßig weggenommen und mit königstreuen Protestanten aus England oder Schottland besiedelt oder rücksichtslos ausgebeutet. Die Kolonisatoren ließen beispielsweise systematisch Irlands Wälder abholzen und das Holz nach England, Frankreich, Holland und bis in die Mittelmeerländer exportieren. Ähnliches geschieht heute mit der seit vierzig Jahren voranschreitenden systematischen Abholzung der Regenwälder in den Tropen.

«Seit einigen Jahren sind besonders von der irischen Historiographie verblüffende Parallelen im Vergleich der Kolonisation Nordamerikas mit der Durchdringung Irlands jenseits der Grenzen des Pale seit der elisabethanischen Zeit festgestellt worden», schreibt Jürgen Elvert 1993 in seiner «Geschichte Irlands». Die Parallelen haben unter anderem einen Grund: Einige der englischen Kolonisatoren Nordamerikas hatten ihr grausames Eroberungshandwerk zuvor in Irland erprobt. Doch anders als in Amerika standen den Kolonisatoren Irlands im 16. und 17. Jahrhunderts kaum eingeschleppte Seuchen als heimliche Helfer zur Seite. Denn die europäischen Ureinwohner Irlands verfügten über die gleichen Abwehrkräfte gegenüber den europäisch-asiati-

*«Eine besonders uneinsichtige Gruppe innerhalb der englischen Armee forderte (um 1650) die Vertreibung aller Iren aus Irland, statt deren eine entsprechende Zahl zuverlässiger protestantischer Soldaten angesiedelt werden sollte. Doch abgesehen davon, daß zu jener Zeit eine solche Massenvertreibung kaum durchführbar gewesen wäre, hätte man auch nicht eine derart große Zahl an Kolonisatoren zur Übersiedlung bewegen können, da das (von den englischen Eroberern) verwüstete Land kaum genügend Attraktivität entfaltete, um auswanderungswilligen Engländern und Schotten als wirkliche Alternative zu den vielversprechenden Kolonien Nordamerikas zu erscheinen.» Jürgen Elvert, Geschichte Irlands*

schen Krankheitserregern wie die Söldner, «Edelmänner» und Kolonisten der englischen Krone. Dennoch wurde die sich gegen die Kolonisierung wehrende Bevölkerung Irlands Mitte des 17. Jahrhunderts während eines zwölf Jahre dauernden Krieges, insbesondere durch die grausamen Massaker des puritanischen Kriegsherren Oliver Cromwell, der das protestantische englische Volk für die «Auserwählten Gottes» hielt, deutlich reduziert. Durch Krieg und Unterdrückung ausgelöste Hungersnöte und Epidemien taten ihr übriges, um die Urbevölkerung Irlands in dieser Zeit von etwa 1,6 Millionen auf 1 Million Iren zu verringern.

Keine oder kaum Abwehrkräfte gegen von europäischen Kolonisten eingeschleppte Seuchen hatten sehr wahrscheinlich die Ureinwohner Australiens. Niemand weiß heute genau, wieviele Aborigines zum Zeitpunkt des ersten Kontakts mit den Europäern des 17. und 18. Jahrhunderts lebten. Sie wurden gleichfalls als Wilde abgewertet, die gänzlich «nomadisch und parasitisch» von der Natur des Fünften Kontinents lebten. So legten die britischen Kolonisatoren logischerweise keinen Wert darauf, die Zahl der «Wilden» – vor Vertreibung und brutaler Vernichtung – korrekt zu schätzen oder gar genau zu zählen.

*«Ich hätte kaum geglaubt, wie groß die Verschiedenheit zwischen wilden und zivilisierten Menschen ist: Sie ist größer als zwischen einem wilden und domestizierten Tier, insofern beim Menschen eine größere Veredelungsfähigkeit vorhanden ist.»*
*Charles Darwin, 17. Dezember 1832*

Während heute die europäisch-britische Unterwerfung Australiens praktisch abgeschlossen ist, geht die Eroberung der vermeintlichen Wildnisse des amerikanischen Kontinents weiter. Der Autor Hans Koning von «The Conquest of America» schreibt: «Es gab kein wirkliches Ende der Eroberung Lateinamerikas. Sie schreitet fort in entfernten Wäldern oder Bergregionen. Sie geht weiter in unseren Tagen, wenn Goldsucher und Rinderzüchter in Gebiete einfallen, die Amazonasindianern gehören, und wenn bewaffnete Verbrecher Indianerdörfer im Hinterland Zentralamerikas überfallen.»

Die Militärs, die 1964 in Brasilien mit Hilfe des US-amerikanischen Geheimdienstes (CIA) die Macht an sich rissen, bezeichneten das rund fünf Millionen Quadratkilometer große, brasilianische Amazonasgebiet – Heimat von über 140 Indianervölkern und mehreren unabhängig in den Wäldern oder an den Flüssen lebenden Bevölkerungsgruppen wie den Ribeirinhos, Caboclos oder Seringueiros – als ein «geographisches Vakuum», was eine Art militärische Umschreibung des romantisch angehauchten Wortes «Wildnis» ist.

In dieser noch heute nachwirkenden Militärideologie waren die Regenwälder, Savannen und Trockenwaldgebiete dieser anderen, nördlichen Hälfte Brasiliens eine Wildnis ohne zivilisierte Menschen, «ein Land ohne Menschen für Menschen ohne Land». Unter dieser Losung ließ die brasilianische Militärdiktatur, kaum an die Macht gelangt, Straßen quer durch Amazonien bauen. Eine der ersten war die Transamazonica im mittleren Amazonasgebiet, gefolgt von der mit Weltbankkrediten finanzierten BR-364 an der Westgrenze in den Bundesstaaten Rondonia und Acre und der Calha Norte im Norden Amazoniens. Der laut Militärdoktrin «leere Raum» sollte erstens als neuer Lebensraum von Tausenden von landlosen Bauern aus dem Nordosten und Süden Brasiliens dienen, um die dort wachsenden Landkonflikte zwischen Großgrundbesitzern und der verarmten Bevölkerung zu verringern. Zweitens wollten die Militärs die Grenzen zu den Nachbarländern Nord- und Westbrasiliens durch den Aufbau einer Population mit «weißen» oder «zivilisierten» Brasilianern sichern. Als Ergebnis dieser teilweise von westlichen Institutionen wie der Weltbank unterstützten Eroberung und Kapitalisierung Amazoniens verloren Indianervölker ihren Lebensraum, wurden traditionell im und vom Wald lebende Bevölkerungsgruppen wie die Ribeirinhos (Flußanwohner) verdrängt oder beseitigt. Der Ethnobiologe Darrell A. Posey 1989: «Es ist genauso wichtig für diejenigen, die Indianergebiete ausbeuten wollen – besonders in Amazonien, wo über die Hälfte von Brasiliens verbliebenen Ureinwohner leben – zu behaupten, daß solche Gebiete unproduktiv und/odcr unbewohnt sind. Das ganze Amazonasbecken wird als leer bezeichnet – eine große Grenzregion, wo nur wenige primitive Indianer und kulturlose Caboclos ums Überleben kämpfen. So wie Carneiro da Cunha bemerkt: Indianergebiete werden als Niemandsland betrachtet.»

Die Losung «Land ohne Menschen für Menschen ohne Land» wurde nicht nur in Brasilien angewandt. Sie trieb ebenso in anderen Regionen der Welt ihr Unheil. Das Deutsche Reich unter Adolf Hitler nahm sie als Deckmantel für die versuchte Vernichtung oder Unterjochung der slavischen Völker. Denn dort im weiten Osten sollten neue Siedlungsgebiete für Deutsche, für die «Herrenrasse», geschaffen werden.

Die Losung «Ein Land ohne Menschen für Menschen ohne Land» fand auch bei der zionistischen Kolonisierung Palästinas Verwendung. Unter diesem Leitspruch und der bewußten Verleugnung der einheimischen, lokalen Bevölkerung strebte der sich Ende des 19. Jahrhunderts bildende Zionismus die «Rückeroberung» Palästinas an. Die Verbreitung der Mär von einer Wildnis, von unbewohnten, lebensfeindlichen Wüsten im Nahen Osten, die erst von jüdischen Siedlern fruchtbar gemacht werden, wurde ein konsequent angewandtes Instrument zur Errichtung des modernen Israels.

«Für die zionistische Organisation war klar, daß die ansässige Bevölkerung Palästinas als minderwertig und unkultiviert zu betrachten sei und zu Recht den jüdischen

*Nomaden der Steppen und Wüsten des Nahen Ostens, die biblische Wildnis ist ihr Lebens- und Kulturraum*
*Foto: N. Suchanek*

*«Palästina hat bereits seine Einwohner... deshalb müssen wir uns darauf vorbereiten, die eingesessenen Stämme zu verjagen, wie das unsere Vorfahren getan haben...»*
*Der Zionist Israel Zangwill*

Nationalstaatansprüchen zu weichen hatte», schreiben Viktoria Waltz und Joachim Zschiesche in ihrem Buch «Die Erde habt ihr uns genommen».

In seinem Buch «The Question of Palestine» zitiert Edward W. Said den israelischen Professor Israel Shahak: «Im Zuge der zionistischen Eroberung Palästinas Anfang bis Mitte des 20. Jahrhunderts wurden etwa 400 palästinensische Dörfer vollständig zerstört, mit ihren Häusern und Gartenmauern und selbst Friedhöfen und Grabsteinen, so daß buchstäblich kein Stein auf dem anderen blieb, und später vorbeikommenden Besuchern wurde gesagt, daß dies alles Wüste sei.» 1969 bekannte Israels Verteidigungsminister Moshe Dayan in der Zeitung Ha-Aretz: «Wir kamen in dieses Land, das bereits mit Arabern bevölkert war, und wir errichteten einen hebräischen, das heißt jüdischen Staat hier... Jüdische Dörfer wurden auf den arabischen gebaut. Ihr kennt nicht einmal mehr die Namen der arabischen Dörfer, und ich verurteile euch nicht dafür, weil diese Erdkundebücher nicht mehr länger existieren. Es gibt keinen einzigen Ort in diesem Land, der nicht vorher eine arabische Bevölkerung hatte.»

*«Die Entmenschlichung der palästinensischen Urbevölkerung, die durch die Behauptungen getragen wurde, Palästinenser gebe es überhaupt nicht in Palästina oder sie seien unzivilisierte Wilde, setzte sich in den 70er Jahren fort. So tauchten in israelischen Kinderbüchern dieser Zeit Araber oder die palästinensische Bevölkerung in der Regel als dumpfe Mörder von Juden auf.»*
*Edward W. Said*

Noch bis Ende des 20. Jahrhunderts wiederholten – wider besseres Wissen – Vertreter Israels wie Ben Gurion in seinem Buch «Erinnerung und Vermächtnis» die Lüge vom Land ohne Menschen für Menschen ohne Land: «Die erste Aliyah (jüdische Einwanderung) kam in ein menschenleeres, hier und dort mit elenden Hütten bebautes Land... Die Erde Palästinas trug so gut wie nichts, und seine Bewohner waren in der Hauptsache wandernde Stämme, die, ohne Grenzen zu beachten, die verödeten Teile des Nahen Ostens durchzogen.»

Mit der gleichen Begründung, die wandernden (Indianer-)Stämme würden die

Grenzen nicht beachten, rechtfertigte übrigens die Militärdiktatur Brasiliens den seit 1970 massiv in Amazonien vorangetriebenen Straßenbau und die dadurch ingang-gesetzte Abholzung und Vertreibung der Ureinwohner zur Ansiedlung von «zivilisierten Brasilianern» in den Grenzgebieten. Schließlich ging es dort auch um die staatliche Kontrolle und Ausbeutung der Bodenschätze Nordamazoniens.

Bodenschätze waren gleichfalls der Hintergrund für die zionistische Kolonisierung der Wüste Negev. Doch diese heute touristisch vermarktete, israelische «Wüsten-Wildnis», in der Israel sich gleichzeitig als überlegene Nation darstellt, die selbst die Wüste zu einem «Garten Eden» machen kann, war bis nach dem Zweiten Weltkrieg noch Heimat einiger tausend Beduinen. «Die Zahl der Beduinen war im Krieg von 1947 – 1949 zwar erheblich dezimiert worden, doch existierten noch, wie gesagt, etwa 11.000 Beduinen, die ihren Anspruch auf das von ihnen genutzte Weideland heftig verteidigten und Nutzungsrechte vorweisen konnten», heißt es in der Dissertation der Universität Dortmund über die zionistische Siedlungspolitik in Palästina.

*Und die Kundschafter der Israeliten beschrieben Kanaan als das Land, «in dem wirklich Milch und Honig fließt».*
*4. Mose 13, 27-28*

Nomadisierende Bevölkerungsgruppen waren seit jeher der christlich-jüdisch geprägten Welt ein Dorn im Auge. Schon im Alten Testament galten die Siedlungsgebiete der Nomaden, ihre Weiden und Steppen, als Wildnis. «Wildnis» oder das alternativ eingesetzte Wort «Wüste» sind in den Bibelübersetzungen keine seltenen Wörter. Je nach Übersetzung soll «Wildnis» in bis zu 300 Textstellen im Alten Testament vorkommen. Übereinstimmend heißt es darin, daß dem Stammvater Israels, Abraham, und seinem Volk, Kanaan, das heutige Palästina, als «Gelobtes Land» verheißen wurde. Selbstverständlich war dieses Gebiet, in dem laut Bibel «Milch und Honig

*«Tatsächlich war die ‹ Eroberung› (Kanaans; Anm. d. A.) wahrscheinlich ein langsamer Prozeß. Einzelne, voneinander unabhängige, aber ethnisch verwandte Gruppen benötigten dazu wohl einige hundert Jahre. Zur Zeit der israelischen Einwanderung war Palästina in eine Vielzahl von kleinen Stadt-Königreichen unterteilt und wurde von den Kanaanitern und Amoritern bewohnt.»*
*J. R. Porter, «Das Große Buch der Bibel», Kreuz Verlag, 1996.*

***Wildnis und Wüste in der Bibel.*** *Beide Wörter stehen gleichbedeutend für verschiedene in der Bibel verwandte hebräische Wörter, die jeweils immer wertloses, unbewohntes Land, trockene und halbtrockene Gebiete, Sandwüsten, felsige Hochebenen oder verwüstete Bergregionen bezeichnen. «Wüste» und «Wildnis» bedeuten in den Bibelübersetzungen ebenso unkultiviertes, wildes Land, Steppe, Weiden, Nomadengebiete, Land ohne Menschen – für Menschen ohne Land. Wo deutsche Bibelausgaben von «Wüste» sprechen, verwenden englische Übersetzungen allerdings oft das Wort «wilderness». Die daraus entstandenen Sprichwörter machen dies deutlich. So heißt es im Deutschen «Rufer in der Wüste» während im Englischen von einer «Stimme in der Wildnis» (A voice in the wilderness) gesprochen wird. Und während wir jemanden in die «Wüste» schicken, schicken ihn die Englischsprechenden in die «Wildnis».*

flossen» vor rund 4.000 Jahren nicht unbewohnt, als der Stammvater der Israeliten mit seinem Volk auf Eroberungszug nach Kanaan ging. Die Bezeichnung «Land wo Milch und Honig fließen» ist eine poetische Umschreibung einer von Nomaden genutzten Steppenregion: Milch liefern die Viehherden, Honig die wilden Bienen der Steppe. Ein Ägypter namens Sinuhe hatte Kanaan etwa zu dieser Zeit zwischen 1971 und 1928 vor Christus besucht und berichtete hinterher: «Als ich zum Bittersee gekommen war, fiel ich nieder. Durst überkam mich, und meine Kehle glühte. Ich sagte: So schmeckt der Tod! Als ich aber mein Herz erhob und meine Glieder zusammenraffte, hörte ich das Gebrüll von Herden und erblickte Beduinen. Der Anführer von ihnen, der in Ägypten gewesen war, erkannte mich. Da gab er mir Wasser und kochte mir Milch, und ich ging mit seinem Stamm. Was sie mir taten, war gut.»

Es nützte den Beduinen vor wahrscheinlich rund 4.000 Jahren nichts, daß sie dem Fremden im allgemeinen – ähnlich wie die Indianer der Karibik Kolumbus – gastfreundlich gesinnt waren. Sie mußten dem aus Ur in Mesopotamien einfallenden Volk Abrahams, dem angeblich von Gott auserwählten, trotzdem weichen. Gleiches galt für die an den Küsten und fruchtbaren Tälern Kanaans seßhaften Völker. Zwar konnte sich das Volk Israel auch nicht lange an dieser Eroberung freuen und mußte sich bald in die Knechtschaft nach Ägypten begeben, doch es dauerte nicht lange, und die Israeliten kamen wieder. Diesmal unter der Führung Moses. Kanaan, das heutige Palästina, war zu dieser Zeit zwar weiterhin das «Gelobte Land», doch es war immer noch kein Niemandsland. Es scheint, daß diese Verbindung von «Wildnis», «Gelobtes Land» und «Auserwähltes Volk» ihre Fortsetzung bei den aus dem Judentum sich entwickelnden christlichen Religionen fand.

Die christliche Wildnis-Ideologie war eine bequeme Ideologie. Alle Gebiete, die noch nicht christianisiert, also noch nicht im Besitz des «Auserwählten Volkes» waren, galten als Wildnis, die nur darauf wartete, von den Christen des Abendlandes ohne Gewissensbisse in Besitz genommen zu werden. So scheint es kein Wunder, daß die Kolonisierung Amerikas mit der Bibel in der Hand erfolgte und daß das Alte Testament auch bei der Kolonisierung Palästinas durch die europäisch-jüdischen Zionisten seit dem späten 19. Jahrhundert Pate stand. So steht in der im Auftrag König Jacobs von England Anfang des 17. Jahrhunderts ins Englische übersetzten Bibel: «Bitte mich, so will ich Dir Völker zum Erbe geben und der Welt enden zum Eigentum.»

**Anmerkung**: Trotz aller im Namen von Gott und Kirche und mit der Bibel in der Hand begangenen Greueltaten während der Eroberung Amerikas und Australiens wäre es wahrscheinlich jedoch falsch die ursprünglichen Autoren der Bibel für den Mißbrauch ihrer Texte verantwortlich zu machen. Denn die Bibel ist nicht nur eine «Auslegungssache», sondern auch eine Frage der Übersetzungsgenauigkeit. Die späteren europäischen Übersetzer hatten große Probleme mit den Bibeltexten. Für einige landschaftsbezogene hebräische Wörter gab es im Deutschen wie auch in anderen europäischen Sprachen keine direkten Entsprechungen. So wurden die verschiedensten hebräischen Begriffe der Bibel, die beispielsweise trockenes oder halbtrockenes Land, Steppe, Weidegebiete, felsige Hochebenen oder Gebirgsregionen bezeichneten, im Deutschen mit «Wildnis» oder alternativ mit «Wüste», im Englischen mit «Wilderness» übersetzt.

*Mit dem Auftauchen des Christentums in der westlichen Hemisphäre begann ein Prozeß, die indigenen Völker als weniger menschlich zu sehen und zu behaupten, das Land wäre unbewohnt oder leer, obwohl Menschen dort existierten.»*
*Connella Frichner, Präsidentin der American Indian Law Alliance*

***Die Wildnis in München.***
*Anfang der 90er Jahre hielt ein Physiker aus New Mexico einen Vortrag im Münchner Amerika-Haus. Er war Navajo-Indianer. Zu Beginn seines Vortrags über die Situation der Ureinwohner Amerikas erzählte er, wie er Tags zuvor am Münchner Flughafen angekommen war. Vor dem Flughafengebäude habe er dann einen herrlichen Mercedes «entdeckt». Der Mercedes, sagte er, sei ganz allein dagestanden, kein Mensch sei in seiner Nähe gewesen und kein Mensch habe ihn genutzt. Er habe schließlich daraus geschlossen, daß der Mercedes offensichtlich «wild» sein müsse, niemandem gehöre und er ihn sich rechtmäßig aneignen dürfe. Schließlich haben es Kolumbus und seine Nachfolger nicht anders gemacht.*

***Zum Nach- und Weiterlesen***
*Darwin, Charles: Reise um die Welt 1831-36. Darmstadt: Wissenschaftliche Buchgesellschaft, 1993.*

*Diegues, Antonio Carlos: Deforestation and Livelihoods in the Brazilian Amazon. Sao Paulo: NUPAUB Research Center on Human Population and Wetlands University of Sao Paulo, 1997.*

*Dorfman, Andrea: «New Ways to the New World». In: Time, 17. April 2000.*

*Elvert, Jürgen: Geschichte Irlands. München: dtv Wissenschaft, 1993.*

*Lobel, Mark: «World Confernce Against Racism to Focus Indigenous Peoples» Pressemeldung, Interpress Third World News Agency, 15. August 2000.*

*Milner, Clyde A.: The Oxford History of the American West. Oxford University Press 1994.*

*Montague, Peter: «Celebrating Columbus Day». In: The Ecologist, Vol. 29, No. 8, Dezember 1999.*

*Porter, J.R.: Das Große Buch der Bibel. Kreuz Verlag, 1996.*

*Posey, Darrell A.: «Alternatives to Forest Destruction – Lessons from the Mebengokre Indians». In: The Ecologist, Vol. 19, No. 6, November/Dezember 1989.*

*Sale, Kirkpatrick: Das verlorene Paradies. Paul List Verlag, 1991.*

*Treece, Dave: «The Militarization and Industrialization of Amazonia: The Calha Norte and Grande Carajás Programmes». In: The Ecologist, Vol. 19, No. 6, November/Dezember 1989.*

*Waltz, Viktoria und Zschiesche, Joachim: Die Erde habt ihr uns genommen. Berlin: Das Arabische Buch, 1986 (zugl. Diss., Universität Dortmund).*

*Weldon, Kevin: Australians: A Historical Library Australians to 1788. New South Wales, 1987.*

Was den Absatz zur zionistischen Kolonisierung Palästinas betrifft, so soll damit ausdrücklich kein Zusammenhang mit dem Dritten Reich in irgendwelcher Form auch immer konstruiert werden. Auch werden selbstverständlich nicht das Judentum oder der Talmut kritisiert. Es geht lediglich darum, die Instrumentalisierung des Wortes «Wildnis» und seiner damit zusammenhängenden Bedeutungen zu verschiedenen Zeiten und durch verschiedene Interessengruppen aufzuzeigen.

# War der Neandertaler ein «Wilder»? Vom Anfang der Menschheit

## Out of Africa – und ab in die Wildnis...

«Unbebaut, unbewohnt, wild, nicht kultiviertes Land, menschenleer, wilde Gegend, Land im Naturzustand, Urwald...» So wird Wildnis in modernen Wörterbüchern beschrieben. Doch wo gibt es das noch? Unabhängig von der Tatsache, daß sich unsere Spezies bereits auf über sechs Milliarden Erdenbürger vermehrt hat, stellt sich die Frage, welche Region auf der Welt von uns noch unbeeinflußt ist. Die Eiswüste der Antarktis, wo im vergangenen Jahrhundert Wale und Robben zu Tausenden abgeschlachtet wurden, wo heute Zehntausende von Touristen jährlich nach Pinguinen Ausschau halten, wo etliche Forschungsstationen und Hunderte von vor allem US-amerikanischen Polarforschern ganze Müllberge hinterlassen, wo das von Menschenhand erzeugte Ozonloch nun alles Leben mit zuvielen UV-Strahlen traktiert? Der höchste Berg der Welt, der Mount Everest, den jährlich Hunderte von Bergsteigern erklimmen und den viele dieser sogenannten Alpinisten als Müllkippe für leere Sauerstofflaschen oder Energieriegelverpackungen nutzen?

*«Die Geschichte der Kriege, so kennt man das, wird von den Siegern geschrieben. In der Evolution des Menschen geht es gezwungenermaßen genauso zu: Von allen Menschenarten (Hominiden), die je die Erde bevölkerten, haben allein wir überlebt. Wir – der moderne Mensch Homo Sapiens.»*
*Reinhard Breuer, Spektrum der Wissenschaft März 2000*

Wenn heute praktisch jeder Flecken Erde vom Menschen besiedelt und geprägt ist, wann gab es also wirklich Wildnis? Als William Dampier Ende des 17. Jahrhunderts als erster Engländer Australien betrat, waren die Aborigines schon da. Als Kolumbus 1492 die Inseln der Karibik entdeckte, waren die Karibikindianer schon da. Als die Wikinger 500 Jahre früher Grönland und Nordamerika entdeckten, waren die Inuit und andere Indianervölker schon da. Als Abraham vor wahrscheinlich rund 4.000 Jahren mit seinem Volk das «Gelobte Land» entdeckte, waren die Kanaaniter schon da. Vielleicht gab es nie eine wirkliche Wildnis, vielleicht war immer schon jemand vor uns da? Selbst als wir moderne Menschen namens Homo Sapiens vor rund 100.000 Jahren aus Ostafrika aufbrachen und nach Norden zogen, betraten wir kein unberührtes Land, fanden wir keine Wildnis vor. Denn wir drangen in das Land des Homo neanderthalensis und des Homo erectus ein.

*«Bislang hieß es: Erst Homo sapiens soll in der Lage gewesen sein, seetüchtige Fahrzeuge zu konstruieren und die rund 35 Kilometer breite Wasserstraße nach Lombok zu überwinden. Von dort aus habe der moderne Mensch über die Nachbarinseln Flores und Timor schließlich vor über 60.000 Jahren Australien entdeckt. Schöne Theorie – nur: Sie stimmt nicht. Denn die vermeintliche Ausbreitungsbarriere von Homo erectus (die Wasserstraße von Lombok) entpuppte sich als Sprach- oder Denkbarriere vieler angloamerikanischer Forscher, die (den holländischen Sprachkundler) Verhoeven ignorierten.»*
*Matthias Glaubrecht, Bild der Wissenschaft, März 2000*

Die meisten Paläoanthropologen vertreten die «Out of Africa»-Hypothese, derzufolge vor rund 100.000 Jahren der moderne Mensch Homo sapiens aus Afrika auszog, um innerhalb von etwa 70.000 bis 80.000 Jahren alle anderen Kontinente einschließlich Australien und Amerika für sich zu erobern und zu besiedeln. Doch Homo sapiens war nicht der erste Mensch, der seinen Fuß auf afrikanischen, europäischen oder asiatischen Boden setzte. Rund zwei Millionen Jahre vor ihm zog Homo erectus africanus, auch Homo ergaster genannt, von Afrika aus hinaus in die Welt, um für ihn noch unentdeckte Gebiete zu «kolonisieren».

Schon vor 1,8 Millionen Jahren siedelte Homo erectus schließlich in Südostasien. Wie Funde auf der indonesischen Insel Flores zeigen, war höchstwahrscheinlich selbst das Meer kein Hindernis für diesen Frühmenschen. Reste seiner Siedlungstätigkeit auf Flores beweisen, daß er vor 800.000 Jahren schon dort war. Und Forscher wie Robert Bednarik gehen heute noch weiter. Gut möglich, daß Homo erectus auch Australien – mehrere Hunderttausend Jahre vor Homo sapiens – besiedelte. Dafür sprechen die offensichtliche Fähigkeit des asiatischen Frühmenschen, schon vor 800.000 Jahren seetüchtige Boote zu bauen, ebenso wie der Fund gut 60.000 Jahre alter menschlicher Knochen in Australien. Die Knochen des sogenannten Mungo-Mannes, so Bild der Wissenschaft, März 2000, ließen keinen Zweifel daran, «daß die Ur-Australier schon vor mehr als 60.000 Jahren ankamen». Ein in Australien am Willandra Lake entdeckter rätselhafter Menschenschädel unterstützt gleichfalls die Theorie einer viel früheren Besiedlung Australiens. «Obwohl nur ungefähr 20.000 Jahre alt», schreibt Rick Gore in National Geographic, Juli 2000, «hat er eine primitivere Form als wesentlich ältere Knochenfunde in Australien.» Lebten also in Australien vielleicht jahrtausendelang mehrere Menschenarten gleichzeitig wie in Europa? Gab es mehrere Besiedlungswellen?

In Europa und im Nahen Osten entwickelte sich aus dem einst aus Ostafrika kommenden Frühmenschen Homo ergaster der Neandertaler. Seine Blütezeit wird auf die Zeit vor 200.000 bis 30.000 Jahren datiert. Als sich viel später Homo sapiens gleichfalls aus Ostafrika nach Norden aufmachte, betrat er deshalb – bewußt oder unbewußt – keine Wildnis, sondern bewohntes Gebiet. Denn schon Jahrtausende bevor der moderne Mensch vor 100.000 Jahren über Ägypten Palästina und das heutige Israel erreichte, war der Neandertaler dort zuhause. Doch das Eindringen des Homo sapiens ins Siedlungsgebiet des «Früheuropäers» und «Urpalästinensers» scheint zunächst keinen Konflikt auszulösen. Etwa 60.000 Jahre lang leben Neandertaler und Homo sapiens im Nahen Osten (friedlich?) nebeneinander.

*«Bemerkenswerterweise verwendeten beide Arten die gleichen Werkzeuge, und auch die hinterlassenen Plätze wirken völlig identisch. Soweit wir dies beurteilen können, verhielten sich beide Menschenarten also trotz aller anatomischen Verschiedenheit offenbar gleich.» Ian Tattersall, Spektrum der Wissenschaft, März 2000*

Von Palästina aus drang Homo sapiens in den nächsten Jahrtausenden aber weiter in den Lebensraum von Homo erectus bis nach Ostasien vor und setzte auch nach

*«Einig sind sich Anthropologen über die Neandertaler nur in zwei Punkten: Die stämmigen Hominiden trotzten 200.000 Jahre lang in Europa und Westasien allen Fährnissen, selbst den kältesten Phasen der Eiszeit: Und heute gibt es diese Menschen nicht mehr.»*
*Kate Wong, Spektrum der Wissenschaft, Juni 2000*

***Monokultur in den Köpfen***
*«Viele Wissenschaftler erkannten lange nicht, daß die Alleinexistenz von Homo Sapiens in der Evolutionsgeschichte des Menschen eine Ausnahme darstellt. In den fünfziger und sechziger Jahren formierte sich sogar eine anthropologische Richtung, die behauptet, unser Planet könne zu jedem Zeitpunkt höchstens einer kulturschaffenden Art Platz bieten... Dabei lebten in den letzten vier Millionen Jahren unserer Evolution wahrscheinlich meistens mehrere Hominidenarten (Menschenarten, Anm. d. A.) zugleich. Erst seit ungefähr 25.000 Jahren sind wir allein, ohne jede Konkurrenz.»*
*Ian Tattersall, Englischer Paläoanthropologe, Spektrum der Wissenschaft, März 2000*

Australien über. Nach Europa, ins Kerngebiet des Neandertalers, wandte sich der moderne Mensch erst vor gut 40.000 Jahren. Etwa 10.000 Jahre lang stehen sich dann die beiden Menschengeschlechter in Europa gegenüber, bis plötzlich das Verschwinden von Homo neanderthalensis zunächst in Palästina beginnt. Warum?

Jahrtausendelang existierten beide Menschenarten (sind es wirklich verschiedene Arten, die sich nicht miteinander vermischen konnten?) nebeneinander in denselben Gebieten: Kannten sie sich? Gab es hierarchische Strukturen zwischen ihnen? War der eine Diener, der andere Herr? Hatten sie Respekt voreinander? Mochten sie sich? Fühlten sich die einen als die wahren, die Obermenschen, und betrachteten sie die anderen als Untermenschen, als Wilde oder als Tiere? Haßte der eine den anderen?

Konnten wir, Homo sapiens, uns mit ihm, dem Neandertaler, verständigen? Wollten wir es überhaupt? Und schließlich: Haben wir Krieg gegen den Neandertaler geführt? Haben wir ihn erschlagen, ihn als willkommene Fleischquelle genutzt, ihn gegessen? Haben wir ihn ausgerottet? Brauchten wir seinen Lebensraum für uns zum Leben? Stahl er uns die Luft zum Atmen, das Wild zum Jagen, das Korn vom «wilden» Feld? Oder glaubten wir nur, daß er uns dies alles stehlen wolle? Glaubten wir in einer Art Massenwahn, daß er uns beseitigen würde, wenn nicht wir ihn? Aber vielleicht erschlugen wir ihn auch gar nicht. Vielleicht machte er uns freiwillig Platz? Vielleicht war er einfach nur Opfer der Zeit? Die Paläoanthropologie hat darauf noch keine eindeutigen Antworten. Die raren Funde lassen stattdessen reichlich Platz für Spekulationen.

Die fast schon klassische, konservative Vorstellung geht davon aus, daß Homo sapiens auf einer höheren Kulturstufe stand als Homo neanderthalensis. «Der

Neandertaler», zitiert Der Spiegel Sabine Gaudzinski vom Forschungsbereich Altsteinzeit in Neuwied, «war immer der Doofi.» Noch in den 80er Jahren hielten ihn manche Paläoanthropologen für einen plumpen Aasfresser, ohne Feinmotorik und unfähig zur Partner- oder Familienbildung. Der Neandertaler störte einfach das auch die Wissenschaft des Westens prägende Dogma vom Menschen als dem «Auserwählten Gottes», der als einziges Lebewesen fähig zur Kulturbildung sei. Und weil er, der Neandertaler, dem modernen Menschen geistig unterlegen gewesen sei, habe er ihm einfach Platz machen müssen. Der erste «dümmere» Europäer mußte weichen, sei es, daß er einfach von Homo sapiens erschlagen wurde, sei es, daß wir ihm schlichtweg Nahrung und Lebensraum wegnahmen.

*«Die Theorie vom Erwachen der menschlichen Kreativität erst beim modernen Homo sapiens läßt sich nur als eine Geschichtsfälschung ersten Ranges bezeichnen.»*
*Der Archäologe Robert Bednarik*

Heute wird aber in Fachkreisen kaum noch bestritten, daß der Ur-Europäer alles andere als unfähig oder kulturlos gewesen ist. So schreibt Matthias Glaubrecht in Bild der Wissenschaft: «Immer häufiger stellen Forscher heute fest, wie nahe sich beide Menschenformen in kultureller und technischer Hinsicht waren. Diese Nähe aber macht das scheinbar plötzliche Verschwinden des Neandertalers um so rätselhafter.» Und die archäologischen Belege lassen heute auch daran zweifeln, ob die Neandertaler dem Homo sapiens tatsächlich hoffnungslos unterlegen gewesen waren. Dennoch geht der Forscher Ian Tattersall vom Amerikanischen Museum für Naturgeschichte in New York wie selbstverständlich davon aus, daß der Neandertaler – obwohl er 60.000 Jahre lang neben dem Homo sapiens existierte – einem Homo sapiens plötzlich vor 40.000 Jahren im direkten Konflikt unterlegen war, weil dieser, so Tattersall, «nun vermutlich zu einer hochwertigen Kultur gefunden hatte».

## Und Prometheus schenkte dem Menschen das Feuer...

Doch Forscher mit einer weniger Homo-Sapiens-orientierten Sichtweise sehen das anders. Sie haben eine abweichende Erklärung für das mehr oder weniger plötzliche Verschwinden von Neandertaler und Homo erectus: Sex mit Homo sapiens! Ein für diese Theorie sprechendes Indiz wurde 1999 im Lapedo-Tal in Portugal gefunden. Es ist das Skelett eines vierjährigen Kindes, das vor 25.000 Jahren auf die Welt kam. Das Einmalige an diesem Fund ist, daß das Kind wie eine Vermischung aus Neandertaler und modernem Menschen aussieht. Der amerikanische Anthropologe Milford Wolpoff fühlt sich dadurch bestätigt. Er hält Homo neanderthalensis, Homo erectus und Homo sapiens für keine getrennten Arten und einen sowohl kulturellen als auch sexuellen Austausch für möglich. Wolpoff gehört zu jenen Wissenschaftlern, die nicht daran glauben, daß sich Homo sapiens ausschließlich in Afrika entwickelt hat. Er vertritt die These des «multiregionalen Modells»: Der bereits vor über 1,8 Millionen Jahren aus Afrika in alle Welt gewanderte Homo erectus habe sich in den verschiedenen Regionen – nicht nur in Ostafrika – eigenständig und parallel weiterentwickelt. Kleine Gruppen hätten ihre Siedlungsgebiete immer wieder verlassen und sich mit anderen vermischt, so daß ein ständiger genetischer Austausch möglich war.

Die Befürworter dieses «multiregionalen Modells» sind überzeugt, so Bild der Wissenschaft, «daß technischer und kultureller Fortschritt nicht nur durch *einen* globalen Eroberungsfeldzug von einem einzigen Zentrum aus möglich ist. Kontakte zwischen unterschiedlichen menschlichen Kulturen müßten demnach nicht zwangsläufig bedeutet haben, daß eine von ihnen alle anderen dominierte, assimilierte und über kurz oder lang auslöschte, wie es dem Homo sapiens unterstellt wird.» Das «multiregionale Modell» stört freilich das Weltbild konservativer Forscher, die Homo sapiens als das einzigartige kulturschöpfende Wesen unseres Planeten sehen, das aufgrund seiner (Gott gegebenen?) Überlegenheit eine Wildnis nach der anderen eroberte und sich zunutze machte. Dieses Weltbild ähnelt verblüffend der eurozentristischen Sichtweise der Kolonialstaaten vergangener Jahrhunderte, wobei die Rolle der vermeintlich unkultivierten Neandertaler und anderer Frühmenschen mit den indigenen Völkern und die Rolle des Homo sapiens mit den die Welt «entdeckenden», angeblich kulturell hochstehenden Westeuropäern besetzt ist.

Der Konflikt zwischen Neandertaler und Homo sapiens hat – zumindest für Juden, Christen und Moslems – schließlich noch eine weitere, eine mythische Dimension, nahm er doch seinen Anfang in Palästina, dem «Gelobten Land» des vom israelitischen Gott «auserwählten Volkes». Die Bibel erzählt auch die Geschichte von Kain, der Abel erschlug. Wird damit die Ur-Geschichte des ersten «Brudermordes», als Homo sapiens seinem nächsten Verwandten, dem Neandertaler, den «Schädel spaltete», verschlüsselt überliefert?

*Einige deutsche Forscher (des 19. Jahrhunderts) hielten die Fossilien (des Neandertalers) schlicht für Knochen eines verkrüppelten Kosaken.»*
*Kate Wong, Spektrum der Wissenschaft, Juni 2000*

## Kuschelsex in der Wildnis des Neandertals

Der Spiegel schlug sich Anfang 2000 auf die Seite der Konservativen und zog die Vermischungstheorie als «Kuschelsex-These» ins Lächerliche: «Politisch korrekt, als gelte es, eine unterdrückte Minderheit zu schützen, müht sich dieses Lager (von Anthropologen), die anatomischen Unterschiede zwischen den Arten wegzudiskutieren... Der Hamburger Prähistoriker Ralf Busch lobt gar den Liebreiz der Damen aus dem Neandertal: ‹Die waren wenigstens nicht magersüchtig.›» In seiner Ablehnung der Sex-Theorie stützt sich Der Spiegel aber auf eine von den betroffenen Gen-Forschern selbst als «halbe» Zeitungsente disqualifizierte Meldung. Sie hätten bewiesen, daß die Gene des Neandertalers nichts zum Genpool des heutigen Menschen beigetragen hätten. Wahr ist hingegen, daß es noch keinen wissenschaftlich unanfechtbaren Gen-Beweis weder für noch gegen eine Vermischungsthese gibt. Kate Wong in Spektrum der Wissenschaft vom Juni 2000: «Ein Konsens zumindest schält sich in dem Dschungel der Meinungen heraus: Die alte Vorstellung vom Neandertaler als einer plumpen, kulturlosen Kreatur ist ad acta gelegt. Zukünftige Forschungen werden erweisen, ob er zu unseren direkten Vorfahren gehörte oder ob er nur eine uns sehr nah verwandte Art darstellte, die mit unserer Spezies um Eurasien konkurrierte und schließlich unterlag.»

## Wer sind die ersten Amerikaner?

Bis vor wenigen Jahren hieß es noch, vor rund 10.000 bis 13.000 Jahren wanderten über die Beringstraße aus Sibirien die ersten Menschen nach Alaska und Nordamerika und errichteten im heutigen US-Bundesstaat New Mexico die sogenannte Clovis-Kultur. Die Blütezeit dieser Zivilisation wurde auf die Zeit vor 12.975 bis vor 13.325 Jahren datiert. Vor der Clovis-Kultur sei Amerika menschenleer gewesen, sagen die eher konservativen nordamerikanischen Archäologen. «Dem ‹Clovis First-Dogma› zufolge breiteten sich die Urahnen der heutigen Indianer erst später in Richtung Südamerika aus», schreibt Bild der Wissenschaft im August 2000. Von New Mexico aus sollten diese ersten Entdecker Amerikas also dann über Mittelamerika bis in den hintersten Zipfel Südamerikas gezogen sein. Doch diese Theorie wird zunehmend erschüttert. Seit dem Jahr 1977 beispielsweise kämpft der Archäologe Tom Dillehay um die Anerkennung einer Fundstelle im Süden Chiles, die 14.500 Jahre alt und damit weit über 1.000 Jahre älter als die Clovis-Kultur ist. Rund 700 Jahre älter als die Clovis-Fundstücke sind auch Faustkeile und Pfeilspitzen, die John Rick von der Stanford University auf 4.300 Metern über dem Meeresspiegel in den Anden gefunden hat. Und Dennis Stanford von der Smithsonian Institution kann sich vorstellen, daß Europäer der Altsteinzeit vor 18.000 Jahren mit Booten entlang der atlantischen Packeisgrenze nach Amerika fuhren. Denn Fundstücke am Cactus Hill an der Ostküste der USA sollen rund 18.000 Jahre alt sein. Brasilianische Forscher halten es für sehr wahrscheinlich, daß Steinzeitmenschen sogar noch viel früher per Boot aus Ozeanien nach Amerika kamen. Die Fundstelle Pedra Furada im Osten Brasiliens wird gar auf ein Alter von 50.000 Jahren datiert. Die archäologische Entdeckungsgeschichte Amerikas ist also noch lange nicht abgeschlossen. Eines ist jedenfalls sicher: Kolumbus hat Amerika nicht entdeckt.

***Zum Nach und Weiterlesen***


*Bild der Wissenschaft 3/2000, (Glaubrecht Matthias, «Harte Nuß Neanderthaler»)*

*Bild der Wissenschaft, «Krach um den ersten Amerikaner», 8/2000*

*Dorfmann, Andrea «New Ways to the New World», Time, April 17, 2000*

*Holden, Constance, «Oldest Human DNA Reveals Aussie Oddity», Science, Vol 291, 12. Januar 2001*

*Lewin, Roger, «Ancestral Echoes», New Scientist, 17. Oktober 1998*

*National Geographic, Juli 2000.*

*Naturwissenschaftliche Rundschau: «Indianer in Brasilien vor 11.000 Jahren», Heft 3/1997*

*Pennisi, Elizabeth, «Skull Study Targes Africa – Only Origins», Science, Vol 291, 12. Januar 2001*

*Schulz, Matthias, «Todeskampf der Flachköpfe», Der Spiegel 12/2000.*

*Tattersall, Ian, «Urmenschen», Spektrum der Wissenschaft, März 2000*

*Wong, Kate: «Vermischung oder Verdrängung? Der Streit um die Neandertaler», in: Spektrum der Wissenschaft, Juli 2000*

## Öko-Realismus oder Öko-Kolonialismus?

*«Um die Ursache der ungerechten Behandlung von traditionellen Bevölkerungen zu verstehen, ist es wichtig, die Herkunft des nordamerikanischen Naturschutzes zu verstehen, der die Erfindung von Nationalparks im späten 19. Jahrhundert betrifft, als der Yellowstone-Park gegründet wurde. Diese Idee hat die Errichtung von Nationalparks in Brasilien tief beeinflußt.»*
*Aus: Antonio Carlos Diegues, The Myth of Untamed Nature in the Brazilian Rainforest, Sao Paulo, 1998.*

*«Seit der Gründung des Yellowstone-Nationalparks im Jahr 1872, dem ersten Nationalpark der Welt, sind mehr als 120 Jahre vergangen. Zwar gab es zur damaligen Zeit in Europa bereits erste kleine Naturschutzgebiete oder als Naturdenkmale geschützte Naturerscheinungen, die Idee zum großflächigen Nationalpark stammt aber aus den USA.»*
*Hans Bibelriether, ehemaliger Leiter des Nationalparks Bayerischer Wald, 1994.*

«Die Wildnis ruft» und der Naturschutz folgt blind. Im Jahr 2000 startete der Bund für Umwelt und Naturschutz Deutschland (BUND) eine neue Kampagne unter dem Motto «Wildnis in Deutschland». Unterstützung erfährt der finanzkräftige Naturschutzverein von der Naturzeitschrift «Natur & Kosmos», die im Frühjahr 2000 ebenfalls den Mythos Wildnis bemüht. In ihrem Dossier «Nationalparke» verehrt das Magazin den romantischen Landschaftsmaler Caspar David Friedrich als einen derjenigen Künstler, die dazu beitrugen, daß der «Begriff Wildnis seinen negativen Beigeschmack verlor und zum verklärten Mythos avancierte». Ob sich der deutsche Maler der Romantik wirklich diesen Schuh angezogen hätte? Zu der Zeit, in der er die romantischen Landschaften Rügens malte, vertrieben europäische Siedler ganz unromantisch die amerikanischen Ureinwohner aus ihren Heimatgebieten, schickten amerikanische, britische, portugiesische und spanische Kolonisten Millionen von schwarzen Sklaven auf Zuckerrohr- und Baumwollfelder. Erst 24 Jahre nach dem Tode Friedrichs schufen die erfolgreichen «weißen» Eroberer Nordamerikas am 1. Juli 1864 im Yosemite-Tal die erste, per Gesetz für den «zivilisierten» Menschen als Erholungsgebiet reservierte «Wildnis» in den USA und weltweit. Und acht Jahre später, 1872, startete die US-amerikanische Wildnisschutz-Ideolgie mit der Gründung des weltweit ersten Nationalparks, des Yellowstone-

Nationalparks, ihren Siegeszug quer durch Nordamerika und hinaus in die Welt.

In der zweiten Hälfte des 19. Jahrhunderts waren der amerikanische Bürgerkrieg ausgefochten, die Ureinwohner Nordamerikas dezimiert, verdrängt, in lebensfeindliche Reservate abgeschoben, die Städte des «Wilden Westens» fast so dicht bevölkert wie im Osten. «1870 war nur der Nordosten städtischer als der Ferne Westen», schreiben die Historiker des Oxford Dictionary of the American West. Weite Gebiete Nordamerikas waren abgeholzt oder durch Bergbau degradiert. In dieser Zeit wurde ein neuer amerikanischer Traum in den Großstädten der USA geboren: Der Traum von Wildnis, der Traum von einem Land ohne menschliche Bewohner, für erholungssuchende Menschen aus den Städten. «Wildnis» werde, so die amerikanischen Historiker, zur «paradoxen Erfüllung von westlicher Verstädterung».

*«Einige Jahre nachdem die Büffel verschwunden waren, gab es noch immer große Antilopenherden, aber die (weißen) Jäger hatten kaum ihr Werk vollendet und die Büffel abgeschlachtet, als sie sich schon den Antilopen zuwandten... Für den Weißen waren die heimischen Tiere ebenso wie die eingeborenen Menschen dieses Kontinents nur Schädlinge, die vertilgt werden mußten.»*
*Luther Standing Bear, Dakota-Indianer, in seinem Buch «Land of the spotted Eagle».*

Der von «wilden» Indianern kontinuierlich bereinigte «wilde» Westen wurde zur Spielwiese zunächst von reichen Amerikanern aus Metropolen wie New York. War anfangs noch die hemmungslose Jagdlust einer der Hauptbeweggründe, den «wilden» Westen aufzusuchen, traten an ihre Stelle schon wenig später ganz andere Motive, war das Jagdwild wie beispielsweise die Antilopen doch dank der massenhaften Abschlachtung immer spärlicher geworden. Gegen Ende der zweiten Hälfte des 19. Jahrhunderts sollte deshalb «Wildnis» eher die romantischen Vorstellungen einer Oberschicht als deren Jagdlüste befriedigen. «Naturschützer» wie John Muir hatten die Idee, Teile des «Wilden Westens» zur Erholung und Bewunderung der natürlichen Schönheit durch die Städter zu reservieren. Besonders malerisch und unberührt erscheinende Gebiete sollten per Gesetz als «öffentlicher Park oder Vergnügungspark» geschützt werden. «Diese Ideologie von Wildnis geht davon aus», schreibt Antonio Carlos Diegues von der Universität Sao Paulo, «daß es eine gegenteilige Verbindung zwischen menschlichem Tun und dem Wohlergehen der Natur gibt.» Natur und Mensch wurden als «natürliche» Feinde betrachtet.

*Theodore Roosevelt und Muir am Clacier Point, Yosemite 1903*
*Foto: Archiv*

Zwar hatte bereits zu Beginn des 19. Jahrhunderts der Maler George Catlin nach seinen Reisen durch den amerikanischen Westen angemerkt, die von der Zivilisation unberührten Gebiete sollten mitsamt den darin lebenden einheimischen Menschen geschützt werden, doch fand er kein Gehör. Stattdessen setzte sich in den USA eine ganz andere, den Menschen ausschließende Wildnis-Ideologie durch. Auf Betreiben John Muirs übergab mitten im amerikanischen Bürgerkrieg der US-Präsident Abraham Lincoln die Wildnis des Yosemite-Tals dem Staat Kalifornien «zum Wohle des Volkes, zu seiner Erholung und Entspannung, um sie für alle Zeiten unveräußerlich zu halten». Aber schon hier zeigte sich das Paradox, der Geburtsfehler der naturschützerischen Wildnisideologie, denn John Muir hielt den Yosemite für schutzwürdig, weil dieses Tal eben nicht «wild», sondern wie ein «Parktal», wie ein «künstlich angelegter Landschaftsgarten» aussah, «mit lieblichen Hainen und Wiesen und Dickichten blühender Büsche». Die wenige Jahre später folgende Ausrufung des Yellowstone-Nationalparks gilt schließlich gemeinhin als Geburtsstunde einer auf Wildnis basierenden Nationalpark-Ideologie, die bis heute über die Grenzen der USA hinaus fortwirkt. Vor allem in den Kolonialstaaten fand diese Naturschutzstrategie fruchtbaren Boden. Den inzwischen weltweit angewandten Kriterien der Internationalen Naturschutzunion (IUCN) zufolge sollten mindestens 75 Prozent der jeweiligen Nationalparkfläche von Menschen unbewohnt und ungenutzt, also Wildnis, sein.

In seinem 1864 publizierten Buch «Man and Nature» zeigte George Perkins Marsh auf, wie die Zerstörung der Natur die Existenz des Menschen bedroht. «Marsh argumentiert, daß der Schutz von unberührten Gebieten durch die Volkswirtschaft genauso wie durch Dichtung und Kunst gerechtfertigt ist», faßt Antonio Carlos Diegues dessen Argumentation zusammen. Marsh lag mit seiner Einschätzung nicht falsch. Neben den Interessen romantischer Dichter und Maler an «unberührten» Naturlandschaften waren von Anfang an volks- und besonders betriebswirtschaftliche, sprich finanzielle Motive für die ersten Nationalparkgründungen ausschlaggebend. «In den frühesten Jahren war die mächtige Western Railroads darauf aus, Parks entlang ihrer Strecken zu fördern, als einen Weg, um den transkontinentalen Passagierverkehr anzukurbeln», schreiben die Oxford-Historiker. Die soeben geborene «Wildnis» wurde von Geschäftemachern sogleich wieder gezähmt. Große Hotels, die, so die Historiker, «bestenfalls als rustikal, nicht als wild» durchgehen konnten, entstanden in den Naturreservaten. Gleichzeitig steckten die Eisenbahngesellschaften große Summen in Werbekampagnen, um soviele Bürger wie möglich in die Nationalparks zu locken. Der Massen-Naturtourismus war geboren – nicht nur in den USA. Auch das Nachbarland Kanada setzte auf Nationalparks als touristische «Entwicklungsprojekte».

Schon kurz nach Entstehung des Yellowstone-Parks «wurden auf Initiative von Eisenbahnunternehmen vier kanadische Nationalparks rund um Bahnlinien in landschaftlich reizvollen Berggebieten gegründet, um die Anzahl der touristischen Bahnreisenden zu erhöhen», berichtet das

*«Obwohl Wildnis oberflächlich gesehen die am wenigsten städtischen Plätze zu repräsentieren scheint, kommt doch die Art wie die natürliche Umwelt angesehen wird – als ein Land ohne menschliche Bewohner – tatsächlich viel eher von der städtischen, als von der ländlichen Bevölkerung.»*
*Oxford Dictionary of the American West*

International Institute for Environment and Development.

Doch zurück zu den USA. 1920 zählte die 1916 gegründete US-amerikanische Nationalparkbehörde, der National Park Service (NPS), in den Nationalparks bereits eine Million Besucher. Doch damit nicht genug. Mit der Erfindung des Automobils als Massenartikel erschlossen die USA ihre öffentlichen «Wildnisse» mit Straßen. Als Folge davon wuchsen die Besucherzahlen sprunghaft auf 33 Millionen im Jahr 1950 und 172 Millionen im Jahr 1970. Doch nicht nur «Geld» regiert die amerikanische Wildnis-Bewegung. Auch der Schutz der Natur sollte schließlich ein Ziel der Nationalpark-Ideologie sein. Besonders der als Gründer des Yellowstone-Parks geltende Amerikaner John Muir und der von ihm mitgegründete Sierra Club – mit Sitz in San Francisco – sahen die Nationalparks als Instrument zur Erhaltung der «letzten Wildnisse» des amerikanischen Westens. Doch diesen Naturschützern ging es nicht wirklich um Natur in ihrer Gesamtheit. Statt das Ökosystem des Yellowstone so zu bewahren, wie es die europäischen Kolonisten und mit ihnen John Muir einst vorgefunden hatten, wurde es von Beginn an mit Vorsatz verändert. Denn unter Natur oder Wildnis verstanden die Nationalparkleiter nicht die gesamte Schöpfung, sondern nur einen dem Geschmack der Zeit entsprechenden Ausschnitt davon: Geschützt wurde im Yosemite wie im Yellowstone und allen anderen Nationalparks nur, was gefiel und damit von touristischem Wert war.

*«Dieser entsetzliche Hochmut des weißen Mannes, der sich anmaßt, mehr als Gott zu sein, mehr als die Natur! Der Weiße sagt: Ich lasse dieses Tier leben, denn es bringt mir Geld, und er sagt, jenes Tier muß sterben, ich kann an ihm nichts verdienen, den Platz, den es braucht, kann ich besser verwenden.»*
*Lame Dear, Medizinmann der Dakota*

Ähnlich wie heute waren damals, Ende des 19. und zu Beginn des 20. Jahrhunderts, Rotwild und besonders Elche beliebt. Aber im ursprünglichen Yellowstone-Gebiet gab es wenn überhaupt nur sehr wenige Elche. Stattdessen war die Landschaft in weiten Teilen von kaum beweideten, hohen Graslandschaften, Espen und bis etwa zwei Meter hohen Beerensträuchern geprägt. Die amerikanischen Ureinwohner genauso wie die Braunbären hatten die Früchte dieser Büsche seit Jahrhunderten, wenn nicht sogar seit Jahrtausenden, nachhaltig genutzt. Am Schutz dieses Ökosystems – oder besser gesagt indianischer Kulturlandschaft – bestand allerdings kein Interesse. Stattdessen wurden die großen pflanzenfressenden Huftierarten im Yellowstone genauso wie in den anderen nun entstehenden amerikanischen Nationalparks gehegt und gepflegt. Der NPS ließ Wölfe, Pumas und Koyoten abschießen und gleichzeitig Rotwild und Elche mit Zusatzfutter durch die strengen Winter bringen.

Das staatliche «Naturschutzprogramm» hatte schnellen Erfolg: Die ersten amerikanischen Naturtouristen, die nur glücklich waren, wenn sie einem echten, wilden Elch oder wenigstens einem lebendigen Hirschen begegneten, hatten dazu im Yellowstone Anfang des 20. Jahrhunderts ausreichend Gelegenheit. Bereits 1932 war die Überpopulation an Elchen und Hirschen in den Schutzgebieten der USA so groß, daß einige weitsichtige NPS-Wissenschaftler für ihre Reduzierung plädierten. Diese frühen ökologischen Appelle verhallten aber weitestgehend folgenlos, schreibt Gerald Wright von der Cooperative Fish and Wildlife Research Unit der University of Idaho. Erst Mitte der 60er Jahre begann der NPS mit dem kontrollierten Abschuß der Huftiere, um die Vegetation in den amerikanischen Schutzgebieten vor weiterer Degradierung zu bewahren. Doch auf Druck der einflußreichen Tierschutzlobby mußte das Programm 1967 wieder eingestellt werden. Zur Freude von mehreren Millionen Besuchern jährlich zählt der Yellowstone-Nationalpark deshalb noch heute Tausende von Elchen.

*«Der Marsch der Zivilisation hat die Wildnis Nordamerikas und Europas gezähmt und zerstört, aber das emotionale Bedürfnis nach wilden Orten, nach weiten offenen Räumen wie Ostafrikas Serengeti-Ebene hatte Bestand. Europäische Entdecker wollten an ein unberührtes Land glauben, unbefleckt von Menschen. Doch dieses Afrika gab es niemals... Der Mensch war seit über zwei Millionen Jahren ein integraler Teil der afrikanischen Landschaft. Daß in Afrika Menschen lebten, war unbedeutend für den Westen; was zählte, war die Wildnis.»*
*Adams and McShane: «The Myth of Wild Africa», 1992.*

*«Wir wurden von unserem Land vertrieben, den besten Plätzen, um Rinder zu züchten. Nun sterben unsere Rinder, und uns wird nicht einmal erlaubt, unser Land zu bebauen; es darf nur von wilden Tieren genutzt werden.»*
*Jacob ole Taroge, Massai aus dem Ngorongoro-Distrikt in Nordtansania, 1998*

Ungeachtet der unterschiedlichen Situationen in den einzelnen Ländern und Kolonialreichen fand die amerikanische Wildnis- und Nationalpark-Ideologie schnell Nachahmer in der westlichen oder westlich regierten und unterrichteten Welt. So auch im von Briten und Deutschen kolonisierten Süd- und Ostafrika. Die Savannen dieser Region Afrikas gelten als die Wiege der Menschheit. Archäologische Funde zeigen, daß dort schon vor mindestens zwei Millionen Jahren die ersten Frühmenschen als Teil der Natur durch Savannen und Wälder streiften und damit begannen, den Schwarzen Kontinent mitzuprägen. Gleiches gilt für die Massai. Das nomadisierende Volk lebt seit Generationen im Gleichgewicht mit Tier- und Pflanzenwelt der ostafrikanischen Savannen. Es hat sich mit den Savannen und die Savannen haben sich mit ihm entwickelt. Doch Pech der Massai und anderer afrikanischer Nomadenvölker ist, daß koloniale Tierschützer zusammen mit US-Amerikanern die Heimat der Nomaden als «Wildnis» und Ureinwohner als Störenfriede dieser «Unberührtheit» ansahen und heute noch ansehen.

So betrachtete 1957 ein führendes Mitglied des Sierra Clubs nach einer Ostafrikareise die Massai als Beispiel für die Hauptbedrohung der Wildnisgebiete in der Welt – und nicht die industrielle Ausbeutung. Die Massai und «ihre ökonomisch wertlosen Rinder», sagte er, hätten bereits zuviel Land überweidet und zur wertlosen Öde gemacht. Und wenn sie in die Serengeti ziehen, «bringen sie die Wüste mit sich, und Wildnis und Fauna (Wildlife) müssen sich ihren Herden beugen». Diese industriefreundliche, aber nomadenfeindliche Wildnis-Ideologie hatte in Afrika eine klare Konsequenz: Die Ureinwohner mußten weg. «Die gewalttätige Umsiedlung aller indigenen Völker war mit das erste, was die kolonialen Regierungen taten, als sie die Serengeti und andere afrikanische Nationalparks gründeten», analysierte Charles E. Kay von der Utah State University 1998 im Wildlife Society Bulletin.

Die Serengeti gilt dank unzähliger Naturfilme seit Jahrzehnten als Afrikas Wildnis schlechthin. Dort begannen Ende der fünfziger Jahre unter indirekter, fernsehgerechter Mithilfe Professor Bernhard Grzimeks – Deutschlands berühmtestem Tierschützer und Autor der beliebten TV-Serie «Ein Platz für Wilde Tiere» – die Vertreibungen der Massai und die Errichtung des Serengeti-Nationalparks. Damals war Tansania noch britische Kolonie. Daß die ostafrikanische Savanne auch angestammter Lebensraum der Massai ist, respektierten weder Kolonialverwaltung noch Tierschützer. In Grzimeks Wildnisvorstellung war zwar Platz für Tiere, Forscher und Touristen, aber nicht für einheimische Menschen. «Ein Nationalpark», sagte der Fernseh-Tierschützer damals, «ist ein Stück Wildnis und soll es bleiben wie in Urzeiten. Menschen, auch eingeborene Menschen, sollen darin nicht leben.» Gesagt, getan: Die in der über 14.500 Quadratkilometer großen Serengeti beheimateten Massai wurden mitsamt ihrer Rinderherden in das erheblich kleinere Gebiet des Ngorongoro-Kraters umgesiedelt.

Der Serengeti-Park blieb nicht lange allein in Tansania, denn schon bald zeigte sich: Die Serengeti-Wildnis war nicht groß genug für die Herden der tierliebenden Urlauber aus aller Welt. Behörden und Naturschützer suchten einen Ausweg, um die Serengeti-Wildnis vor dem Tourismusboom zu retten, und fanden ihn 1974 im Ngorongoro-Krater. Die einst dorthin umgesiedelten Massai mußten abermals den Urlaubern und deren Liebe zu «wilden» Tieren weichen. Hunderte der Ureinwohner

*«Grzimek verdanken wir den Traum, daß es möglich sein könnte, dieses riesige, wilde Stück Natur so ursprünglich und für alle Zeit zu erhalten... Sein Appell ‹ Serengeti darf nicht sterben! ›, seine Bücher, seine Filme und Fernsehsendungen befeuerten die erste internationale Naturschutzkampagne, gaben ihr genug öffentlichen Druck, um die Realität vor Ort im fernen Tansania zu gestalten. Daher ist die Serengeti nicht irgendein zu bewahrendes Gebiet wie so viele andere exotische Areale, sondern eine Herzenssache, das ultimative Wildnis-Refugium, dessen Geschick uns auch nach 40 Jahren angeht und anrührt.»*
*Naturschutz-Prosa aus: Uta Henschel: «Serengeti darf wachsen». In: Geo, Dezember 2000*

***Serengeti darf größer werden***
*Just als das Buch bereits fertig und im Lektorat war, meldete die Zeitschrift Geo, Dezember 2000, dass der Serengeti-Nationalpark um 8.000 Quadratkilometer erweitert werde. Dieses von Massai bewohnte Land werde als sogenanntes Wildlife Management Area (WMA) nun dem Naturschutz dienen und gleichzeitig dem Safari- und Jagdtourismus offenstehen. Geo zitiert den in der Serengeti forschenden Biologen Tom Maddox aus England: «Besonders den Massai hat der Naturschutz übel mitgespielt. Und sie haben es nicht vergessen. Für den westlichen Traum von der Wildnis mußten sie die Opfer bringen. Wenn wir sie jetzt zu Partnern machen, wenn sie uns helfen sol-*

*len, die Serengeti zu vergrößern, dann muß dabei für sie unterm Strich etwas herauskommen.» Der Mitarbeiter der Zoological Society of London erkennt – laut Geo – auch an, dass es der lokalen Bevölkerung zu verdanken sei, daß es in den besiedelten Regionen rund um das Serengeti-Reservat noch heute von großen Wildtieren wimmelt. Geo: «Obgleich sie seinerzeit aus dem Park vertrieben worden sei, hätte sie [die Massai-Bevölkerung; Anm. d. A.] niemals im Gegenzug die Vertreibung der wilden Tiere aus der Restheimat, sondern das Land mit ihnen geteilt. Frage: Wenn denn die ‹Restheimat› der Massai bis heute ein Tierparadies ist, in dem es von Wildtieren ‹wimmelt›, warum braucht es dann die Gründung von WMAs auf diesen Gebieten? Geht es dabei wirklich um Naturschutz? Oder geht es dabei nicht mehr um die ökonomische Inwertsetztung, um die Kapitalisierung der letzten Massai-Gebiete als Spielwiese für Naturtouristen und Großwildjäger?*

*«In vielen Ländern wurden Bauern, Viehzüchter und Jäger von ihrem Land und aus ihren Wäldern vertrieben, die sie lange besessen hatten, um Platz für Parks, Schutzgebiete und Wildtierreservate zu schaffen. Das Vorurteil gegen Menschen ist die führende neue Ursache von Unterdrückung und Konflikt. Biologen, die im Namen der Wissenschaft die Wildnis erhalten wollen, sind zu den wichtigsten Anstiftern dieses Vorurteils geworden.» Ramachandra Guha: «The Authoritarian Biologist and Arrogance of Anti-Humanism». In: The Ecologist, Januar 1997*

mußten mit Sack und Pack und ihren fast 2.000 Rindern aus dem Krater wegziehen. Das tansanische Militär war ihnen dabei nicht zum letzten Mal «behilflich». Bis heute entstanden neben der Serengeti und Ngorongoro auch die Tierreservate Tarangire und Kilimanjaro in Tansania, Amboseli, Massai-Mara, Samburu und Tsavo in Kenia auf dem Land der Massai und anderer indigener Völker. Diese angebliche, vom «Wildnis»-Mythos motivierte Tierschutzpolitik, die auf die Vertreibung der Ureinwohner aus den «Tierparadiesen» und letzten «Wildnissen» abzielte, wurde in den Folgejahren nicht nur in Ostafrika, sondern ebenso in anderen Regionen des Schwarzen Kontinents konsequent weitergeführt. Die Massai sind nur eines von vielen Völkern, die Opfer dieser bis heute andauernden, noch nicht gänzlich überwundenen Naturschutzpolitik wurden.

Während in Ostafrika die nomadisierenden Völker der Savannen Hauptopfer der Wildnis-Ideologie aus dem Westen sind, leiden in Zentralafrika besonders die Pygmäen-Völker der tropischen Regenwälder darunter. Diese kleinwüchsigen Menschen zählen zu den geschichtlich ältesten Völkern Afrikas. So nehmen Forscher an, daß die Pygmäen vom Volk der Batwa in den Virunga-Bergen des Dreiländerecks Uganda, Ruanda und Kongo seit über 50.000 Jahren leben. Und dennoch mußten sie ihre heimatlichen Bergwälder verlassen, denn internationale Tierschützer hatten ihre «Liebe» für Gorillas entdeckt. Da Menschen – sind sie auch noch so klein – in ihren Augen nichts in einer geschützten Gorilla-Wildnis zu suchen hatten und um den später – dank Hollywoods «Gorillas im Nebel» – florierenden Gorilla-Tourismus nicht zu stören, wurden die Batwa kurzerhand 1991 aus den Gebieten der beiden Nationalparks Mgahinga Gorilla und Bwindi ausgesiedelt. Aber schon Jahre vorher hatten die Pygmäen anderen Gorilla-Schutzgebieten weichen müssen.

«Obwohl andere Einheimische gleichfalls unter dem beschränkten Zugang zu den Parks litten, waren die Batwa zweifellos die am schlimmsten Betroffenen», berichtet das britische Geographical Magazine im November 1999. Die berühmteste und von westlichen Naturliebhabern fast schon mythisch verklärte Gorilla-Forscherin Dian Fossey hatte für die Batwa allerdings kein Mitleid. In ihrem Buch «Gorillas im Nebel» taucht das uralte, afrikanische Volk lediglich als «Wilderer» mit «anrüchigen Aktivitäten» auf. So schreibt Dian Fossey: «Hauptsächlich im Park des Vulkans begegnete ich einer dritten Rasse, den Batwa. Sie gehören zu einem Stamm von Halbpygmäen, der niedersten Kaste in Ruanda. Traditionsgemäß sind sie Wilderer, Jäger und Honigsammler. Ihre anrüchigen Aktivitäten im Park sollten große Auswirkungen auf mein Leben und das der mir bekannten Gorillas haben.» Daß der Lebensraum der Gorillas seit Menschengedenken gleichzeitig Lebensraum der Pygmäen ist, ignorierte die amerikanische Tierforscherin wie viele sogenannte Naturschützer vor ihr und nach ihr. Dabei dürfte die Vertreibung der Batwa aus ihren Wäldern selbst aus Sicht der Gorillas keinen Sinn machen, denn die großen Menschenaffen waren niemals von ihnen direkt bedroht. «Die Batwa töten niemals nur aus Lust am Töten – und sie haben niemals Gorillas getötet», zitiert Geographical einen Priester, Reverend Eustice Rutiba, der den Batwa seit Jahren in Uganda zur Seite steht. Anders Dian Fossey: Probleme, Lebensweisen und Traditionen der Pygmäen, die den Lebensraum der Gorillas seit Generationen teilen, schienen für Dian Fossey keinen Wert darzustellen – aus ihrer verkürzten Sichtweise verständlich: Ging sie doch Anfang der sech-

*«Ugandas vier an Touristen gewöhnte Gorilla-Gruppen haben das Potential, um jährlich etwa 1,5 Millionen Pfund (rund 4,5 Millionen Mark) zu erwirtschaften. Daraus folgt, daß jeder an Besucher angepaßte Gorilla einen Wert von über 38.000 Pfund (mehr als 100.000 Mark) pro Jahr hat.»*
*Jo Salt: «Gorilla Tactics», in: Geographical, Dezember 2000.*

*Anmerkung:*
*Ich weiß natürlich um die unstrittigen, anerkennungswürdigen Leistungen von aufopferungsvollen Forschern oder Tierschützern wie Dian Fossey um den Erhalt einzelner Tierarten oder Landschaften oder um die Umweltbewußtseinsbildung der Öffentlichkeit. Allerdings ist es Aufgabe dieses Buches gerade auf die bislang kaum beachteten dunklen Seiten und «Kurzsichtigkeiten» in der westlich orientierten Naturschutzbewegung hinzuweisen.*

*Anmerkung:*
*In der Fachliteratur ist auch von Pygmäen-Völkern zu lesen, die tatsächlich Gorillas töten und essen. Dennoch ist das Überleben dieser Menschenaffen in den letzten Regenwäldern Schwarzafrikas nicht durch die Pygmäen bedroht, sondern durch das Voranschreiten der sogenannten Zivilisation, den Hunger nach Rohstoffen (Holz, Metalle usw.) und durch kriege.*

*«Wir haben unser Land und unsere Freiheit verloren, aber noch haben wir unsere Art zu denken und zu leben bewahrt.»*
*Tatanga Mani*

*«Mit der Präsenz des WWF, der ursprünglich die Rechte der Pygmäen hatte sichern wollen, diese aber aus dem neugegründeten Dzanga-Ndoki-Nationalpark verbannte, verschlechterte sich ihre Situation weiter. Eine Entschädigung der Pygmäen stand nie zur Diskussion. Heute gehören sie als mittel- und rechtloses Lumpenproletariat zu den Ärmsten der Armen und zu den am wenigsten beachteten Ethnien der Welt.»*
*Gregor Klaus: «Die Pygmäen Afrikas in Gefahr – Ein stiller Auszug aus dem Paradies». In: Neue Züricher Zeitung, 1997*

ziger Jahre nicht wegen den Afrikanern nach Afrika. «Mich lockten Wildnis und die große Vielfalt freilebender Tiere, die dieser Kontinent beherbergte», bekennt sie in ihrem Buch. Dian Fossey steht mit dieser persönlichen Einstellungen mit Sicherheit innerhalb der westlichen Tier- und Naturschutzbewegung nicht allein da. So ist es kein Wunder, daß die Gorilla-Schutzgebiete bei den Einheimischen der Region «Mzungu» heißen, was übersetzt «Park des Weißen Mannes» bedeutet. Erst die «weißen» Kolonisatoren und die «weißen» Naturschützer unserer Tage haben diese «Wildnisse» im Herzen Afrikas geschaffen.

Auch das vielleicht berühmteste und älteste Schutzgebiet Afrikas, der Krüger-Nationalpark, war anfangs keine Wildnis – und ist es auch heute nicht. «Jahrtausendelang jagten und fischten dort die Afrikaner, sie kampierten an bestimmten Stellen immer wieder», berichtet der Züricher Wissenschaftler Lucien F. Trueb. Im 19. Jahrhundert besiedelten schließlich weiße Farmer das Gebiet, und die Kolonisten machten dort radikal Jagd nach «allem, was sich bewegte». Trueb: «Wie im übrigen Transvaal waren dort Ende des 19. Jahrhunderts vieler Arten von Wildtieren wegen rücksichtslosen Abschießens bereits ausgestorben.» Ähnlich wie in den USA hatte dann aber die reiche koloniale Oberschicht ein Einsehen, und Südafrikas Staatspräsident Krüger schuf dort 1898 den ersten Wildpark, aus dem schließlich 1926 der Krüger-Nationalpark entstand. In die Zeit des aufkommenden Naturschutzes in Südafrika fällt übrigens auch die großflächige Verdrängung der schwarzafrikanischen Bevölkerung. Infolge eines 1913 verabschiedeten Landbesitzgesetzes verlor die einheimische Bevölkerung sieben Achtel ihrer Gebiete in Südafrika. Mit der Abschaffung der Apartheid Ende der 1990er Jahre holte die Vergan-

## Twa-Pygmänen

Der 6.000 Quadratkilometer große Kahuzi-Biega-Nationalpark ist eine der vier Unesco-Weltnaturerbe-Stätten in der Republik Kongo, dem ehemaligen Zaire. Erklärtes Ziel der Nationalparkgründung im November 1970 war der Schutz der rund 15.000 Tiefland-Gorillas und etwa 250 Berg-Gorillas sowie die Entwicklung des Natur- oder besser gesagt Gorillatourismus zur Einnahmequelle des Staates. Während die Touristen willkommene Gäste des Nationalparks wurden, warf man die Twa-Pygmäen einfach heraus. Dabei galt seit jeher das Pygmäenvolk als Nachfahren der ersten Menschen in den Wäldern des östlichen Kongo. Seit Jahrhunderten lebten sie in den Kahuzi- und Biega-Wäldern als Jäger und Sammler-Kultur und stellten – nach Meinung des von Albert Kwokwo Barume, der International Work Group for Indigenous Affairs (IWGIA) und dem Forest-Peoples-Programme erstellten Reports – keine Bedrohung für den Wald und die Gorillas dar. Anders sieht es jedoch mit den in das Gebiet eingedrungenen Siedlern und anderen nicht den Pygmäen zugeordneten Volksgruppen aus, die innerhalb des Schutzgebiets abholzen, Landwirtschaft betreiben und nach Gold suchen. Doch das kongolesische Naturschutzinstitut (ICCN) – finanziert von Weltbank, Europäische Union, der deutschen Entwicklungshilfe mittels GTZ und vom World Wide Fund for Nature (WWF) – war und ist anderer Meinung. Mit der paradoxen Begründung, die Twa seien eine potentielle Gefahr für dieTierwelt des Gebietes, weil die Pygmäen die einzigen Menschen seien, die diese Wälder genau kennen, mußten sie den Park verlassen, während die Siedler bis heute bleiben dürfen. Seit Ende der 1960er Jahre verloren durch diese wildnisorientierte Naturschutzpolitik bis zu 6.000 Pygmäen im Osten Kongos ihre Heimat und Lebensgrundlage. Die GTZ, das deutsche «Entwicklungshilfeministerium», die Weltbank und andere ICCN-Geldgeber sahen dieser gravierenden Menschenrechtsverletzung zu. «Die Entscheidung der kongolesischen Behörden, die Twa aus dem Park zu jagen, während die Besiedelung desselben Gebietes von anderen ethnischen, Landwirtschaft betreibenden Gruppen toleriert wurde, offenbart tiefsitzende Vorurteile gegenüber diesen Waldbewohnern», so Marcus Colchester vom in England ansässigen Forest Peoples Programme.

Wie die von staatlichen Naturschützern gemeinsam mit dem Militär durchgeführte Umsiedlung aus dem Kahuzi-Biega-Gebiet vonstatten ging, beschreibt eine betroffene Twa: «Wir wußten nicht, daß sie kommen würden. Ich hörte Menschen um unser Haus herum. Ich sah durch die Tür und sah Leute in Uniformen mit Gewehren. Dann plötzlich drang einer von ihnen mit Gewalt in unser Haus und rief, daß wir sofort von hier verschwinden müßten, weil der Park nicht unser Land sei. Ich verstand zuerst nicht, von was er redete, weil alle meine Vorfahren hier gelebt haben. Sie (die Soldaten) waren so gewalttätig, daß ich mit meinen Kindern das Land verließ.»

«Heute leben die Twa unter den schlimmsten Verhältnissen, charakterisiert durch hohe Kindersterblichkeit, Unter- und Fehlernährung und Alkoholismus», berichtet Albert Kwokwo Barume.

«Heading Towards Extinction – Indigenous Rights in Africa: The Case of the Twa of the Kahuzi-Biega National Park, Democratic Republic of Congo.»

*«Südafrika gibt Wildnis der Bevölkerung zurück – Etwa 3,5 Millionen Afrikaner werden die Chance haben, ihre Ländereien wiederzubekommen, die ihnen unter der Apartheid genommen wurden, falls die kontroverse Landreform der Regierung Gesetz wird. Durch die Landreform würden große Gebiete von Nationalparkflächen genauso wie Farmen und private Wildreservate den ursprünglichen Besitzern zurückgegeben.»*
*Mary Bakker-ColeNew Scientist, 1. Mai 1996*

genheit den Krüger-Nationalpark wieder ein. Die nun per Gesetz gleichberechtigten schwarzafrikanischen Ureinwohner wie das Volk der Maluleke fordern ihre alten, traditionellen Landrechte an diesem Gebiet zurück.

Was in Afrika Gorillas, Löwen und Elefanten sind, sind in Indien in erster Linie die Tiger. Frühe Wildreservate errichteten bereits die britischen Kolonialherren in Indien. Doch der «Wildnis-Boom» zum Schutz der größten Raubkatze Asiens setzte dort erst so richtig nach Indiens politischer Unabhängigkeit ein. Schrittmacher waren, so Ramachandra Guha, eine Gruppe von Ex-Jägern der indischen Oberschicht im Verbund mit internationalen Naturschutzorganisationen, die das US-amerikanische Nationalparksystem in Südasien verbreiten wollten. Nach Ansicht des indischen Forschers hatte die Übernahme des amerikanischen Wildnis-Konzepts eine direkte Umverteilung der Ressourcen von den Armen hin zu den Reichen zur Folge. Während die Ureinwohner ihres Lebensraumes, ihrer natürlichen Reichtümer beraubt sind, gewinnen eine Oberschicht und ausländische Investoren neue Einnahmequellen beispielsweise durch den Tourismus, der in den Schutzgebieten blüht. Und die sich mit immer neuen Tigerreservaten brüstenden internationalen Naturschutzorganisationen wie der World Wide Fund for Nature (WWF) – er hieß früher, als er sich noch ausschließlich dem Tierschutz widmete, World Wildlife Fund – kassieren durch Spenden aus den Industriestaaten, Sponsorengelder der Großindustrie und Fördergelder aus Staatshaushalten mit. Wissenschaftliche Angestellte und Berater des WWF lassen sich ihre «naturschützerische» Dienstleistung weltweit mit Gehältern versüßen, von denen viele Arbeitnehmer selbst in Industriestaaten nur träumen können.

*«Als Indien 1947 unabhängig wurde, hatte es weniger als ein halbes Dutzend Wildreservate; jetzt hat es mehr als 400 Parks und Schutzgebiete, die 4,3 Prozent des Landes ausmachen, und es gibt Vorschläge, diese Fläche zu verdoppeln.»*
*Ramachandra Guha, im Ecologist, Januar 1997*

Bis 1996 entstanden über 400 Tigerreservate und Nationalparks in Indien, durchweg auf Kosten der Ureinwohner. Besonders betroffen sind die 250 verschiedenen, insgesamt etwa 70 Millionen Menschen zählenden Adivasi-Völker. Allein seit 1991 wurden, so die Zahlen der Gesellschaft für Bedrohte Völker (GfbV), «mehr als 600.000 Adivasi u. a. aus den Tiger-Reservaten in Kanha und Bandhavgarh, aus den Waldgebieten in Panchmari, Achanak Marg, Satpura und aus dem Wildpark Biro im Bundesstaat Mahya Pradesh verjagt». Die Hauptschuld an diesen menschenverachtenden Vertreibungen tragen Organisationen wie die US-amerikanische Wildlife Conservation Society (WCS), die nicht müde wird, weltweit «Wildnis» als radikales Konzept ohne Einheimische zu verbreiten. Die Vertreibung der Stammesvölker aus den Parks sei ihrer Meinung nach die einzige Möglichkeit, die Wildnis zu retten. «Umsiedlung von Stammes- oder traditionellen Leuten, die in diesen geschützten Gebieten leben, ist der wichtigste Schritt Richtung Naturschutz», zitiert der Ecologist 1997 die Äußerung des WCS-Repräsentanten John G. Robinson auf einer Pressekonfernz im indischen Bangalore. Und der New Scientist schreibt, für Robinson sei es ein «wünschenswertes Ziel» 6.000 Menschen aus dem Nagarhole-Nationalpark in Südindien umzusiedeln, um 40 Tiger zu schützen.

*«Ausgehend von der westlichen Geschichte und Erfahrung in klimatisch gemäßigten Zonen wurde der Glaube an eine unberührte und unberührbare Wildnis eine der Grundsätze der Schutzgebietsbewegung. Aber diese Sichtweise basierte auf der Ignoranz gegenüber der historischen Beziehung zwischen Menschen und ihrem Lebensraum und der Rolle, die Menschen bei der Erhaltung von Biodiversität in Wald und Savannen spielen.»*
*J.A. MacNeely: People and protected Areas: Partners in Prosperity, 1993.*

Der wissenschaftliche Mitarbeiter der Wildlife Conservation Society ist vielleicht einer der radikalsten Vertreter des Westens, aber längst nicht der erste, der traditionell lebende Völker in Indien des Naturfrevels anklagt. Bereits 1963 beobachtete der Anthropologe Verrier Elwin eine «konstante Propaganda, daß die Stammesvölker den Wald zerstörten». Der Hauptunterschied zwischen Verrier Elwins Zeit und heute sei der wachsende Einfluß der Tierschützer,

*«Das drohende Verschwinden von Jägern und Sammlern wird aber auch durch mitunter kuriose Allianzen von staatlichen Verwaltungen und Naturschützern bewirkt, die die Natur schützen und die dort traditionell lebenden Menschen von der Nutzung der Natur ausschließen wollen... Nicht alle Organisationen sind so radikal wie die Wildlife Conservation Society in New York: Der einzige Weg, die Nationalparks zu schonen, ist, die Stammesvölker hinauszuwerfen, gemeint waren Angehörige der Ureinwohner in Indien (Adivasi).»*
*Theodor Rathgeber, Gesellschaft für bedrohte Völker, Mai 2000*

*«Der WWF und die Weltnaturschutzunion (IUCN), eine Allianz von NGOs und Regierungsagenturen, stimmten beide einer neuen Politik gegenüber indigenen Völkern im vergangenen Jahr zu. Zum ersten Mal erkennen die beiden Organisationen damit explizit die Rechte von Ureinwohnern bei der Kontrolle ihres Landes an.»*
*Rob Edwards, New Scientist, Mai 1997.*

analysiert Ramachandra Guha. Früher mußten die indigenen Völker einem industriellen Entwicklungsmodell weichen, das Großprojekte wie Staudämme, Eisenerzminen und Stahlwerke «vergötterte». Diesem «Götzen», so Guha, wurde nun das «Evangelium» des «totalen Naturschutzes» hinzugefügt.

Der Prozeß der Vertreibung indigener Völker, um Platz für geschützte Wildnisse zu schaffen, ist im indischen Subkontinent auch heute, im 21. Jahrhundert, noch nicht abgeschlossen. Mit Hilfe der Weltbank und ihren Umweltschutz-Fonds, die sogenannte Global Environmental Facility (GEF), sollen dort mehr als fünfzig Nationalparks entstehen. Auch der WWF ist daran beteiligt. Zwar schlägt die ehemalige Tierschutzorganisation inzwischen freundlichere Töne gegenüber indigenen Völkern an und wirbt auch mit ihren Konterfeis kräftig um Spenden, aber die Gesellschaft für bedrohte Völker ist noch skeptisch. «Der WWF hat sich vermutlich erst aufgrund kritischer Fragen aus dem Ausland seit kurzem an die Adivasi-Dachorganisation Indian Confederation of Indigenous and Tribal Peoples (ICITP) gewandt und zwei Gespräche über die Vertreibungen im Zuge der Einrichtung von Nationalparks geführt», berichtet Theodor Rathgeber im Dezember 1999.

Was für Indien gilt, trifft genauso auf andere Weltregionen zu. Als menschenleere Wildnisse proklamierte Nationalparks schossen in der zweiten Hälfte des 20. Jahrhunderts parallel zur fortschreitenden Industrialisierung und Rohstoffausbeutung besonders in den Entwicklungshilfeländern wie Pilze aus dem Boden, auf Kosten einheimischer Bevölkerungen, die nicht nur den Zugang zu ihren natürlichen Ressourcen verlieren, sondern auch an den Gewinnen aus dem florierenden internationalen Nationalparktourismus nicht oder nur wenig beteiligt werden. Thailands Khao-Yai-Nationalpark, der laut International Institute for Environment and Development (IIED) jährlich rund zehn Millionen Mark an Tourismuseinnahmen abwirft, von denen aber praktisch nichts an die lokale Bevölkerung geht, ist nicht die Ausnahme, sondern die Regel. Anläßlich der Konferenz für Wildlife und Menschenrechte in Asien, die im September 1996 am Zentrum für Entwicklung und Umwelt der Universität Oslo stattfand, resümierte der Inder Ramachandra Guha, in weiten Teilen der «Dritten Welt» habe das Nationalparkmanagement die beiden Grundsätze des US-amerikanischen Wildnis-Denkens verinnerlicht: «Der monumentale Glaube, daß Wildnis große, ununterbrochene Wildnis sein muß, und die Annahme, daß jeder menschliche Einfluß schlecht ist für die Vielfalt.» Dies gilt auch für Brasilien.

Im größten südamerikanischen Land faßte die Wildnis-Ideologie US-amerikanischer Naturschützer Ende des 19. Jahrhunderts Fuß. So setzte sich seit 1876 André Reboucas für die Gründung von Nationalparks im Stile des Yellowstone in Brasilien ein. Mit Hilfe der Sociedade Brasileira de Geografia Rio de Janeiros wurde schließlich 1937 «vor der Toren» der Metropole der erste brasilianische Nationalpark, Itatiaia, errichtet. Wie in den USA war es auch in Brasilien das Ziel der Nationalpark-Ideologie, die noch «unberührte» Natur vor der städtisch-industriellen Gesellschaft zu schützen. Doch der Tatsache, daß die von den Kolonisatoren noch nicht eroberten, noch nicht abgeholzten und noch nicht in Monokulturen umgewandelten Regionen Brasiliens Rückzugsgebiete oder Heimat von vielen indigenen Völkern oder traditionell lebenden Gemeinschaften sind, wurde keinerlei Beachtung geschenkt. Die Anwe-

*«Unter einigen brasilianischen Naturschützern und Regierungsagenturen wie der IBAMA (brasilianische Umweltbehörde) gibt es weiterhin das Konzept, daß geschützte Gebiete leere Räume ohne menschliche Bewohner sein müssen.»*
*Antonio Carlos Diegues*

senheit jeglicher Bevölkerungsgruppe, egal ob traditionell oder nicht, wurde und wird als Bedrohung des Naturschutzes betrachtet. Folglich, so kritisiert Antonio Carlos Diegues von der Universität Sao Paulo, mußten alle traditionellen Gemeinschaften vor Einrichtung der Naturreservate aus diesen Gebieten hinausgeworfen werden. Die Einheimischen werden höchstens während einer Übergangsphase im Schutzgebiet geduldet, was bis heute fest in den brasilianischen Nationalparkvorschriften verankert ist. «Dabei ist jedoch bekannt, daß die traditionellen Gemeinschaften (meist traditionelle Fischer, Flußanwohner und Sammler-Gruppen) seit einer sehr langen Zeit und durch ihre Art der Lebensweise in weiten Teilen verantwortlich für die Bewahrung dieser Gebiete sind», schreibt Diegues.

*«In den 1950ern, als die meisten Wildnisse in fast allen Ländern des Nordens gezähmt und sogar zerstört waren, hielten Naturschützer nach letzten unberührten Gebieten Ausschau und entdeckten die weiten Regenwälder und Savannen in den tropischen Ländern besonders in Afrika und Südamerika. In Brasilien war der Amazonas-Regenwald Zentrum dieses Neo-Mythos.»*
*Antonio Carlos Diegues*

Trotz der frühen Anfänge wuchs die Anzahl der Nationalparks in Brasilien anfangs nur sehr langsam und blieb auf das bereits weitestgehend «urbanisierte» Südostbrasilien beschränkt. Der Nationalpark-Boom in Nord- und Westbrasilien setzte erst Ende der 1950er und Anfang der 1960er Jahre ein, als sich die industrielle Landwirtschaft und die Abholzung ins Innere des Landes und nach Amazonien ausbreitete. So ging mit dem Bau der brasilianischen Hauptstadt Brasilia mitten im Herzen des Landes die Errichtung von zwölf Nationalparks einher.

*«Es ist genauso wahr, daß dieser Neo-Mythos [Wildnis; Anm. d. A.] ein Irrtum und eine Ideologie wurde, die das in den 60er und 70er Jahren an der Macht befindliche brasilianische Militär nutzte, um die Region (Amazonien) um jeden Preis zu besetzen. Dieser Prozeß der Landinbesitznahme führte zu einer rapiden Umwandlung von großen Regenwaldgebieten in große Rinderzucht- und Agrarfarmen.»*
*Antonio Carlos Diegues: The Myth of untamed Nature in the Brazilian Rainforest. Sao Paulo, 1998.*

Doch die größte Expansion der Nationalparks geschah während der Militärdiktatur in Brasilien, besonders in den Jahren zwischen 1970 und 1984. Die Generäle erklärten Amazonien zum «leeren Raum», zur letzten Wildnis, die es von der Zivilisation zu erobern und zum geringen Teil vor der industriellen Ausbeutung zu schützen gelte. Während die Militärs auf der einen Seite weite Gebiete Amazoniens und Westbrasiliens der landlosen Bevölkerung Nordost-

und Südbrasiliens zur Abholzung, zum Aufbau von Monokulturen, dem Straßenbau und einer hemmungslosen, auf Rohstoffausbeutung ausgerichteten Industrie freigaben, ließen sie quasi als Alibi Nationalparks einrichten. Die traditionelle Bevölkerung der betroffenen Gebiete mußte in beiden Fällen weichen. Antonio Carlos Diegues: «Während dieser Periode war es politisch unmöglich, ja sogar illegal, die Einheimischen zu organisieren, um die negativen Folgen von geschützten Gebieten auf die Territorien der traditionellen Bevölkerungen zu diskutieren.»

Die forcierte Ausbeutung Amazoniens bei gleichzeitigem Aufbau von Alibi-Schutzgebieten fiel aber nicht zufällig in eine Zeit, in der Brasilien die größten internationalen Schulden aufhäufte. Ohne die großzügigen Finanzhilfen, sprich Kredite der US-amerikanisch dominierten internationalen Kreditinstitute wie der Weltbank oder ihrer Tochter, die Interamerikanische Entwicklungsbank, war die großangelegte Kolonisierungs- und industrielle Entwicklungspolitik der brasilianischen Militärdiktatur nicht möglich. Doch an die Kredite gebunden waren Naturschutzauflagen im Sinne der damals und heute noch üblichen Naturschutzstrategien von WWF, IUCN oder anderen weltweit engagierten Naturschutzorganisation. Folglich war die mit Hilfe internationaler Kredite finanzierte großflächige Zerstörung Amazoniens wie auch anderer Regenwaldgebiete in der Welt nur möglich weil parallel dazu relativ kleine geschützte «Wildnisse» geschaffen wurden. Den der Wildnis-Ideologie ebenso verfallenen brasilianischen Wissenschaftlern wie Pádua und Coimbra Filho war dies nur recht.

*«Die Präsenz von indigenen Gemeinschaften und der Schutz der Biosphäre sind nicht kompatibel.» Pádua und Coimbra Filho, Brasilien, 1979*

In ihrem 1979 veröffentlichten Buch «Os Parques Nacionais do Brasil» beschreiben die Autoren Pádua und Coimbra Filho die verschiedenen einheimischen Bevölkerungsgruppen allesamt als Landbesetzer oder Degradierer des Landes, die aus den Schutzgebieten entfernt werden müßten, um diese für den Tourismus zu entwickeln. Pádua und Coimbra Filho: «Die Präsenz von indigenen Gemeinschaften und der Schutz der Biosphäre sind nicht kompatibel.» Diese radikale Haltung der renommiertesten brasilianischen Naturschützer wird besonders im Falle des Nationalparks Monte Pascual deutlich. Dieser letzte Rest atlantischen Bergregenwaldes im Süden des nordostbrasilianischen Bundesstaates Bahia ist ein Symbol für die Kolonisierung Brasiliens, betrat dort doch der Portugiese Pedro Alvarez Cabral vor über 500 Jahren, am 22. April 1500, erstmals die Küste Brasiliens. Zufall der Geschichte: Die Ureinwohner vom Volk der Pataxo-Indianer, die ihn damals freundlich empfingen, lebten noch bis 1951 in diesem Gebiet. Dann aber wurden viele von ihnen Opfer eines von nicht-indianischen Brasilianern angerichteten Massakers. Als in der Folgezeit der Nationalpark Monte Pascual entstand, verloren auch die restlichen Pataxo ihr Stammesgebiet. Für die brasilianische Naturschutzbehörde galten die wenigen überlebenden Pataxos als «das schwierigste Problem des Monte Pascual», als «eine kleine primitive Bevölkerung, die in einem Küstenabschnitt innerhalb des Parks lebt». Doch tatsächlich ist es der «Landhunger» nicht-indianischer Bevölkerungsgruppen wie die Rinderzüchter, die den atlantischen Regenwald bis an die Grenzen des Nationalparks und darüberhinaus systematisch zerstören. Statt diesen «weißen» Waldvernichtern das Handwerk zu legen, wurde den Indianern der Zugang zu ihrem eigenen Territorium verwehrt. Als 22 Pataxo-Familien 1999, ein Jahr vor der 500-Jahrfeier der «Entdeckung» Brasiliens, ihr Stammes-

*«Unglücklicherweise wird Öko-Kolonialismus wie seine politischen Vorläufer nicht nur von Menschen aus dem Westen durchgeführt. Westliche Ausbildungsinfrastrukturen haben durch ihre Verteufelung der indigenen Wissenssysteme zu westlich ausgebildeten Einheimischen geführt, die die hochentwickelten indigenen Wissenssysteme ablehnen.»*
*Paul Alan Cox und Thomas Elmquist: «Ecocolonialism and Indigenous-Controlled Rainforest Preserves in Samoa». In: Amibio, März 1997.*

gebiet wieder besetzten, blieb der Nationalparkdirektor hart. Die Pataxo müßten wieder aus dem Schutzgebiet entfernt werden. «Die Indianer», sagte er, «sind heute unser größtes Problem.» Wie in kaum einem anderen Fall zeigt diese Haltung des Nationalparkdirektors gegenüber einem kleinen Indianervolk, wie tief «Wildnisschützer» in den 500 Jahre alten Stiefeln des Kolonialismus stecken können.

Was für Brasilien gilt, trifft ebenso für das heute bei internationalen Naturtouristen beliebten Costa Rica zu. Im Zuge der Nationalparkgründungen mußten auch dort Ureinwohner und traditionelle Waldbauern der «Regenwald-Wildnis» weichen. So rechtfertigte der amerikanische Biologe Daniel Janzen 1986 in seinem Bericht über einen neuen Nationalpark die Vertreibung der Waldbauern in Costa Rica: «Heute sind praktisch alle gegenwärtigen Bewohner der westlichen mittelamerikanischen Weiden, Felder und degradierten Wälder taub, blind und stumm gegenüber den Fragmenten des reichen, biologischen und kulturellen Erbes, das noch immer die Regale der ungenützten und ungeschätzten Bibliothek füllt, in der sie leben.»

Während deutsche Natur- oder besser gesagt Tierschützer wie Bernhard Grzimek weltweit bei der Verbreitung dieser amerikanischen Wildnis-Ideologie mithalfen, schlug sie auf deutschem Grund und Boden relativ spät Wurzeln. Erst 1970 wurde der erste bundesdeutsche Nationalpark im Bayerischen Wald an der Grenze zu Tschechien gegründet. Klar, daß sein einstiger Direktor und Generalsekretär der Föderation der Natur- und Nationalparke Europas (EUROPARC), Hans Biebelriether, die US-amerikanische Nationalpark-Strategie leidenschaftlich und kritiklos befürwortet. So zeigte sich Biebelriether 1994 während einer von Texas Instruments veranstalteten

*«Deshalb möchte ich trotz der derzeit ungünstigen Situation doch eine positive Prognose für die Zukunft der Nationalparke wagen. Diese amerikanische Idee wird sich auch in Deutschland durchsetzen.» Hans Biebelriether, 1994.*

Vortragsreihe lediglich traurig darüber, daß Deutschland auf seinen ersten Nationalpark hat so lange warten müssen. «Warum war man in den USA so viel schneller», fragte er rhetorisch und schickte die Antwort hinterher: «Einer der Hauptgründe dafür war wohl, daß das Amerika der Gründerzeit keine Kulturlandschaften, sondern ausschließlich Naturlandschaften von überwältigender Schönheit besaß. Die frühen Siedler begegneten ursprünglicher Wildnis wie es sie in Mitteleuropa längst nicht mehr gab.» Biebelriether wiederholte damit den falschen kolonialistischen Mythos Wildnis, wonach Nordamerika vor seiner Besiedlung durch die «Nachfahren» von Kolumbus ein leerer, unbewohnter Landstrich gewesen sei. Die Existenz Hunderter von Indianervölkern, die während der «Gründerzeit» von weißen Siedlern und Soldaten aus ihren Lebensräumen und Kulturlandschaften vertrieben wurden, war Biebelriether nicht einen einzigen Satz, nicht eine einzige Anmerkung wert.

*«Doch ohne die Devisen der Feriengäste wäre Amboseli eine Agrarregion, in der Rinderherden grasen und Maisäcker gedeihen: Kein Platz für wilde Tiere... Mit Grzimeks Trick konnte die Serengeti weiterleben.» Dirk Maxeiner und Michael Miersch, 1998.*

Dieselbe Einstellung wie Biebelriether haben selbst moderne sogenannte Öko-Realisten wie Dirk Maxeiner und Michael Miersch. Die beiden «Umweltschutz-Autoren» und selbsternannten Öko-Optimisten loben beispielsweise den deutschen Vorreiter der auf Vertreibung der Ureinwohner basierenden unmenschlichen Tier- und Naturschutzpolitik in Afrika, Bernhard Grzimek, für seinen Einsatz um die Rettung der Serengeti und für seine Weitsicht. In ihrem 1998 aufgelegten und, nebenbei bemerkt, vor Fehlern und Halbwahrheiten strotzenden Lexikon der Öko-Irrtümer schreiben die Natur-Autoren: «Einer hatte das ökologische Potential im Tourismus schon lange vorhergesehen: Bernhard Grzimek. In seiner Sendung Ein Platz für Tiere verkündete der legendäre Fernsehzoologe vor über dreißig Jahren, es gebe schon bald organisierte Gruppenreisen zu den Wildreservaten Ostafrikas. Grzimek hatte die Meldung damals frei erfunden. Doch ein paar Monate später gab es solche Touren wirklich, denn Reiseveranstalter wollten ihrer vermeintlichen Konkurrenz zuvorkommen. Mit Grzimeks Trick konnte die Serengeti weiterleben.»

Dirk Maxeiner und Michael Miersch verfallen in ihrem «Lexikon der Ökoirrtümer» pikanterweise selbst einem «Ökoirrtum», dem Mythos Wildnis. Die beiden Öko-Realisten glauben – wie ihr offensichtliches Vorbild Grzimek – auch zu Ende des 20. Jahrhunderts noch derselben unwissenschaftlichen, mythischen Vorstellung des 19. Jahrhunderts, derzufolge Naturschutz nur in Form von unberührter Wildnis möglich sei und die Präsenz von einheimischen Menschen per se eine Landschaft degradiere oder schände. Gäbe es beispielsweise den Amboseli-Nationalpark und den dort stattfindenden Massen-Naturtourismus nicht, wäre dieses Wildschutzgebiet eine Rinderweide oder ein Maisacker, postulieren sie. Diese Einstellung hat aber weder etwas mit Realismus noch mit Ökologie zu tun, sondern eher mit Ethnozentrismus, der den einheimischen, in der Region des Amboseli ursprünglich lebenden Ureinwohnern jegliche Kenntnisse um die nachhaltige Nutzung ihres eigenen Lebensraumes abspricht. Wie selbstverständlich wollen die beiden Öko-Realisten deshalb in ihrem Buch auch mit dem «unerschütterlichen Mythos vom edlen Wilden» aufräumen und gehen dabei einem zweiten Irrtum auf den Leim. Sie brandmarken die «edlen Wilden» als Naturzerstörer, die nicht mit Feuer umgehen können, und schieben ihnen die katastrophalen Brandrodungen der letzten drei Jahrzehnte in den Regenwaldregionen Südamerikas und Südostasiens in die Schuhe. Dirk Maxeiner und Michael Miersch: «Wer Feuer entfacht,

*«Um hauptsächlich die Bedürfnisse von kommerziellen Safaris und Großwildjagd zu befriedigen, wurde der koloniale Naturschutz in Afrika hin zur Errichtung von Reservaten für große Wildtiere dirigiert.» Paul Alan Cox und Thomas Elmquist, 1997.*

*Anmerkung:
Natürlich wehren sich auch indigene Völker selbst gegen den Mythos des «edlen Wilden». Sie wollen aber weder abgewertet, verteufelt noch romantisiert werden. Sie wollen einfach als ganze normale Erdenbürger angesehen werden, die weder primitiv noch edel sind. Sie wollen als heutige Menschen, als Völker angesehen werden, die in der Gegenwart, im 21. Jahrhundert leben und nicht in der Steinzeit. Sie wollen als Völker angesehen werden, die einfach nur einem anderen Entwicklungsmodell folgen als die europäische Industriekultur und die amerikanische Wegwerfgesellschaft.*

*Kein simples «slash and burn» oder Brandrodungs-Wanderfeldbau, sondern eine kluge, in tausenden von Jahren entwickelte, tropische Waldwirtschaftsstrategie. Ein Experte für Bodenkunde der Kayapó verbrennt hier an verschiedenen Stellen des Feldes diverse Pflanzenarten um unterschiedliche Aschequalitäten mit unterschiedlichen Nährstoffgehalten zur Bodenverbesserung zu schaffen, damit für Nutzpflanzen ideale Wachstumsbedingungen herrschen.*
*Foto: D.A. Posey*

*«Wir haben tief in der westlichen Kultur noch die Glut des Kolonialismus. Sie sitzt so tief, daß wir sie noch nicht einmal in Frage stellen.» Der Ethnobotaniker Paul Alan Cox im New Scientist 31. Mai 1997.*

kann Wälder in Steppen verwandeln. Und genau dies haben Naturvölker, und später die Hirtenkulturen in großem Maßstab getan... Bis heute besitzt Brandrodung (etwa in den Regenwaldregionen Südamerikas und Südostasiens) mehr Zerstörungskraft als mancher Umweltfrevel der technischen Zivilisation.» Die beiden Öko-Realisten stellen die Tatsachen auf den Kopf, ist es doch gerade unsere technische Zivilisation, ihr Hunger nach billigen Sojabohnen, Palmöl, Fleisch und Tierfetten als Rohstoff einer hochindustrialisierten Nahrungs-, Kosmetik-, Reinigungs- und Arzneimittelindustrie, die das Vordringen von Brandrodung und Monokulturen in die Regenwaldgebiete indigener Völker direkt durch Investitionen und indirekt durch die Abnahme und Vermarktung dieser Massenprodukte finanziert.

Maxeiner und Miersch sollten – wie jeder Geographielehrer an unseren Schulen – wissen, daß die gefährlichen, großflächigen Brandrodungen in Lateinamerika und Südostastien nicht von den in den Wäldern heimischen Ureinwohnern durchgeführt werden, sondern von aus anderen Regionen zugewanderten Siedlern, Großgrundbesitzern und internationalen Investoren aus den Industriestaaten. Aber stattdessen loben die Öko-Optimisten die «alten Industrienationen Europas und Amerikas», wo «sich der Wind gedreht» habe. Sie schreiben: «Die Vereinigten Staaten, die als größte Wirtschaftsmacht der Erde eine Leitfunktion haben, stellen elf Prozent ihrer Fläche unter Naturschutz. Tausende von professionellen Naturschützern bewachen die Wildnisgebiete in den USA.» Weltweit sei die Zahl der Naturreservate in hundert Jahren auf zirka 8.500 angestiegen, freuen sich die Öko-Realisten und texten enthusiastisch: «Der kulturelle Fortschritt, der sich dadurch ausdrückt, kann gar nicht hoch genug bewertet werden. Denn viele tausend Jahre lang betrachteten Menschen die Wildnis stets als Feind.» Die beiden «Fachautoren» sollten sich fragen, vor wem die vielen tausend «professionellen Naturschützer» die Wildnisgebiete beschützen müssen? Ist es ein Fortschritt, wenn heute der (indigene) Mensch als Feind betrachtet wird? Und woher wissen Maxeiner und Miersch, daß die zahlreichen unterschiedlichen Völker, die unseren Planeten bis heute bevölkern, tatsächlich «viele tausend Jahre lang» die «Wildnis stets als Feind» betrachtet haben? Diese (Falsch)-Aussage der Öko-Optimisten zeigt deutlich eine eingeschränkte Sichtweise, die nur sich selbst reflektiert.

*«Alejandro Argumedo, ein Quechua-Indio aus Peru, wies darauf hin, daß bis zum 19. Jahrhundert die meisten unverdorbenen Gebiete von indigenen Völkern kontrolliert wurden. Als Ergebnis davon enthalten weiterhin die von Ureinwohnern kontrollierten Gebiete mehr gefährdete Tier- und Pflanzenarten als alle Naturreservate der Welt zusammen.»*
*Paul Alan Cox und Thomas Elmqvist, in Ambio, März 1997.*

Der Schutz der Natur in ihrer gesamten Vielfalt ist sicher ein lobenswertes Ziel. Aber wird dieses Ziel tatsächlich mit dem instrumentalisierten Mythos Wildnis erreicht? Kurt Tucholsky sagte einmal zu seiner Korrespondentin: «Ich habe, meine Liebe, nur ein Argument gegen das Christentum: Es hat bisher nichts genützt.» Dies wäre das optimistischste, was er heute zum westlich-konservativen, auf Wildnisse und Nationalparke setzenden Naturschutz sagen könnte. Seit Verbreitung der naturschutzorientierten Wildnis-Ideologie, schreitet der Verlust an biologischer Vielfalt global immer schneller vorwärts. Das afrikanische Spitzmaulnashorn streifte noch zu Beginn der europäischen Kolonisierung zu Hunderttausenden durch den Schwarzen Kontinent. Anfang des 19. Jahrhunderts wurde seine Anzahl auf über eine Million geschätzt. Bis 1971 waren die Spitzmaulnashörner aber auf 65.000 Individuen reduziert – Tendenz fallend. 1991 gab es schließlich nur noch 2.000 Exemplare in Afrika. Das World Resources Institute (WRI) schätzte 1992, daß der Artenverlust der vergangenen 100 Jahre größer ist als der-

*«Die Auszonung von Land als Nationalparks, nationale Reservate und Cultural Heritage-Gebiete in den Territorien der Ureinwohner ist ein klares Vergehen gegen das Recht der indigenen Völker der Kordilleren auf das von ihren Ahnen ererbte Land. Unter dem Deckmantel der Arterhaltung sind diese Gebiete in Wirklichkeit für Biodiversitätsuntersuchungen und Tourismus vorgesehen.»*
*Joan Carlin, Generalsekretärin der Cordillera Peoples Alliance auf den Philippinen, 1998.*

*«Der Verlust von Arten schreitet dramatisch schnell vorwärts. Wahrscheinlich ist der Artenverlust der vergangenen 100 Jahre größer als derjenige der jüngsten 65 Millionen Jahre der Erdgeschichte.»*
Markus Nuding, GTZ, 1996.

jenige in den 65 Millionen Jahren der Erdgeschichte zuvor. Geschieht dieses Artensterben nun trotz oder mit Hilfe oder aufgrund der wildnisorientierten Naturschutzbewegung der industrialisierten Nationen?

Der Holzweg, auf dem sich Öko-Realisten wie Öko-Kolonialisten befinden, wird besonders im Fall der Serengeti deutlich, aber nicht nur dort. Wenn der archäologische Befund, daß Homo Sapiens und vor ihm Homo erectus africanus einst von den Savannen Afrikas aus die restliche Welt besiedelten, auch nur annähernd stimmt, dann wurde dieses afrikanische Ökosystem wie kein anderes auf unserem Planeten von den einheimischen Menschen mitentwickelt und mitgeprägt. Eine menschenlose, von indigenen Gemeinschaften ungenutzte Savanne hat es seit Hunderttausenden von Jahren nicht gegeben. Wer die Urvölker Afrikas wie auch die indigene Bevölkerungen anderer Kontinente für das Ziel des Naturschutzes aus ihrem Ökosystem vertreibt, verletzt folglich nicht nur Menschenrechte, sondern pervertiert auch den Naturschutzgedanken. Charles Kay: «Meines Erachtens gibt es nichts Unnatürlicheres als ein afrikanisches Ökosystem ohne menschliche Predatoren (Jäger).»

Praktisch alle Nationalparks Süd- und Ostafrikas erleben seit ihrer Gründung einen Rückgang der Artenvielfalt oder der Anzahl einzelner Tierarten. Die Elefantenpopulation des Selousreservats beispielsweise ging von einst 100.000 in den 70er Jahren auf heute etwa 30.000 zurück. Wilderei – als Folge von Vertreibung und dem damit einhergehenden Entzug der traditionellen Lebensgrundlage von Einheimischen – ist ein Grund. Ein falsches Nationalparkmanagement, das einzelne bei Touristen beliebte Tierarten wie Löwen förderte und eher unbeliebte Tierarten wie Wildhunde oder Hyänen verdrängte, ist ein weiterer Grund. Die geschützten Wildnisse werden in aller Regel eingezäunt und damit werden extreme Verhältnisse geschaffen, die es zuvor in diesen Gebieten niemals gab. Zäune verhindern die jahreszeitlich bedingten und für viele Ökosysteme lebenswichtigen Wanderungen vieler Tierarten innerhalb der Schutzgebiete.

Darüberhinaus verhindern Reservatsbegrenzungen die Migration anderer, außerhalb der Schutzgebiete lebender Tierpopulationen, indem sie deren Migrationsrouten einfach durchschneiden. So ist der 22.770 Quadratkilometer große Etosha-Nationalpark Nordnamibias seit 1973 von einem 1.640 Kilometer langen Zaun umgeben. Um die nun darin eingeschlossenen Wildtiere vor dem Verdursten zu retten und um den Naturtouristen garantierte Wildbeobachtungen zu bieten, richtete das Nationalparkmanagement 50 künstliche Wasserstellen ein – und löste damit eine Kettenreaktion aus. Die Löwen des Ethosha hatten damit einen ständig reich gedeckten Tisch und leichtes Spiel, weil sich an den Wasserstellen besonders die großen Huftierarten konzentrieren. «Darüberhinaus vermehrte sich in den wassergefüllten Gruben die Milzbrandbakterie, der die Tiere (Gnus) zu Tausenden erlagen. Für die Löwen bedeutete dies ein nicht endendes Nahrungsangebot», schreibt 1996 Markus Nuding in einem GTZ-Bericht. Folge davon war eine Überpopulation der Löwen, die verheerend auf konkurrierende Raubtiere wirkte. Laut GTZ-Bericht ging im Ethosha-Reservat die Zahl der Hyänen drastisch zurück, und der Hyänenhund starb dort 1984 sogar aus. Zwar konnte die Bevölkerungsexplosion unter den Etosha-Löwen inzwischen mittels staatlich verordneter Familienplanung (Kontrazeptiva) gestoppt werden, die Hyänenhunde kommen aber nicht wieder zurück. Nuding: «Verzweifelte Versuche in den Jahren 1988 und 1990 den Hyänenhund wieder anzusiedeln mißglückten.» Was sich im Etosha-Reservat abspielte, spielt sich in vielen Wildnisparks ähnlich ab. Der Rückgang der Artenvielfalt in den geschützten Reservaten hat aber noch eine weitere Ursache. Denn in den künstlichen Wildnissen fehlt ein wichtiger Faktor des Ökosystems: der Mensch, der in diesem Ökosystem aufgewachsen ist, sich mit ihm entwickelt hat, seit Jahrhunderten in bestimmter Weise, zu bestimmten Zeiten Tier- oder Pflanzenarten des Ökosystems genutzt und seinen eigenen Beitrag zur Entstehung und Erhaltung desselben beigetragen hat. Dies ist auch im ersten Nationalpark der Welt, dem Yellowstone, so, wo aufgrund der Wildnis-Ideologie gleichfalls die Vielfalt den Bach hinuntergeht.

*«Die Vorstellung von unberührter Natur, die lediglich umzäunt und in Ruhe gelassen werden muß, um Biodiversität und Evolution nicht zu gefährden, trifft selbst bei den größten Schutzgebieten nicht zu. Die rasch wachsenden Erkenntnisse der Biogeographie und Wildökologie zeigen, daß die Isolation der Schutzgebiete voneinander ausreicht, um einen Artenverlust über die Zeit einzuleiten.»*
*Markus Nuding, GTZ, 1996.*

Historische Fotografien des Yellowstone zeigen einen deutlichen Rückgang der ursprünglichen Vegetation der hohen Graslandschaften und Espen. Aufgrund der Beweidung durch zu viele – von den Naturschützern geförderte – Elche ging diese Vegetation zu 95 Prozent verloren. Und die einst mannshohen Beerensträucher sind durch die Pflanzenfresser degradiert und erreichen wenn überhaupt gerade mal 50 Zentimeter Höhe. Zu den Verlierern der Yellowstone-Wildnis zählen ebenso die Biber. Trotz extremer Bejagung gab es um 1870 wahrscheinlich noch Tausende von ihnen in der Northern Range des Yellowstone. Heute sind sie dort – ihrem geschützten Status zum trotz – praktisch ausgestorben. Grund ist nicht die illegale Jagd, sondern die simple Tatsache, daß ihnen zuviele Elche die Nahrung, Espen und Weiden, weggefressen haben. Das ökologisch falsche Nationalparkmanagement ist aber nur eine Ursache für das drastische Anwachsen der

Huftierpopulation im Yellowstone. Mitschuld ist ebenso die – ursprünglich in den USA nicht naturschutzmotivierte – vorherige Vertreibung und Vernichtung der Ureinwohner aus dem Ökosystem, die ebenso wie Bär, Wolf und Puma dem Rotwild nachstellten und in engen Grenzen hielten. So schreibt 1998 Charles Kay von der Utah State University: «Einheimische Menschen haben den Yellowstone und andere nordamerikanische Ökosysteme – obwohl sie keine Naturschützer in unserer heutigen Sicht waren – seit mindestens 10.000 Jahren erfolgreich unterhalten, indem sie die Population der Huftiere niedrig hielten und damit die biologische Vielfalt gefördert haben.» Archäologische Daten sowie Berichte und Fotografien erster Expeditionen in der zweiten Hälfte des 19. Jahrhunderts beweisen seiner Meinung nach: Die amerikanischen Ureinwohner waren diejenigen, die das vielfältige Ökosystem Nordamerikas kreierten, das wir jetzt als «natürlich» bezeichnen. Das gilt insbesondere für das weltweit erste als Wildnis geschützte Reservat: Das Yosemite-Tal: Die leuchtenden Wiesen dieses Rocky Mountain-Tals, die John Muir an ein romantisches, unberührtes Paradies erinnert haben mochten, waren von Menschen gemacht, waren das Ergebnis regelmäßiger Brandrodungen der dort einst beheimateten Ahwahneechee-Indianer. Die US-Armee hatte die Ahwahneechee in den 1850er Jahren dezimiert und aus dem Yosemite-Tal gejagt.

*«Wir können weiterhin die Ökosysteme der Erde blindlings verändern, oder wir können lernen, sie nachhaltiger zu nutzen.»*
*Klaus Töpfer, UNEP-Direktor, April 2000*

Die New-Scientist-Autorin Kate de Selincourt erwähnt 1996, wie staatliche Entwicklungshelfer aus Deutschland im westafrikanischen Kissidougou versuchten, die «Savannen-Wildnis» vor der einheimischen Bevölkerung zu «retten». Sie hatten die Einheimischen dazu ermutigt, die Savanne, ihren traditionellen Lebensraum, zu verlassen und stattdessen die Sümpfe mit modernen Anbaumethoden intensiv für den Reisanbau zu nutzen. «Dies führte», so Kate de Selincourt, «zur kontinuierlichen Abholzung des wahrscheinlich noch natürlichsten und ursprünglichsten Waldes in dem Gebiet.»

Insgesamt hat die nun schon fast 125 Jahre alte Nationalpark-Strategie die industriell und von Geldgier angetriebene Erosion der Artenvielfalt weltweit nicht gestoppt. Tatsächlich nahm parallel zur Vervielfältigung der von «Menschenhand» geschützten Wildnisse die Zerstörung der Biodiversität global in der Menschheitsgeschichte nie dagewesene Ausmaße an. Einem im April 2000 veröffentlichten UN-finanzierten Report des World Resources Institute, WRI, zufolge verlor die Welt allein während des 20. Jahrhunderts die Hälfte ihrer Feuchtgebiete und Wälder. In den vergangenen rund 200 Jahren – zwischen 1810 und heute – starben über 110 Vogel- und Säugetierarten aus, dreimal mehr als in den zweihundert Jahren zuvor. Hinzu kommen etliche Pflanzen- und Tierarten, die in den letzten 100 Jahren bis an den Rand der Ausrottung gebracht wurden. So sind von schätzungsweise 100.000 Tigern zu Beginn des 20. Jahrhunderts heute in Asien etwa 5.000 bis 7.000 übrig – trotz der allein in Indien über 400 in dieser Zeit geschaffenen Naturreservate! Zwischen 1990 und 2000 ging die Population der Orang-Utans um die Hälfte auf heute gerade mal 15.000 bis 25.000 zurück – trotz mehrerer Regenwaldschutzgebiete. Grund dafür ist die radikale Waldvernichtung von, laut Weltbank, jährlich 1,5 Millionen Hektar vor allem für Tropenholzexport, Papier-, Sperrholz- und Palmölindustrie. Die Waldvernichtung schreitet in Indonesien seit den 60er Jahren kontinuierlich voran. Allein während der 32 Jahre dauernden diktatorischen Herrschaft Suhartos, in der auch die meisten Nationalparks in Indonesien gegründet wurden, verlor der Inselstaat mindestens 40 Millionen Hektar Regenwald. Inzwischen machen weder künstlich gelegte Feuer noch illegale Abholzungskolonnen vor den Nationalparks des Landes halt.

«Viele der Gebiete mit der höchsten biologischen Diversität unseres Planeten sind von indigenen und traditionellen Völkern bewohnt», sagt der Ethnobiologe Darrell Addison Posey. Gleichzeitig sind diese an Arten extrem reichen Gebiete auch Zentren kultureller Vielfalt. Es bestehe, so Posey, eine «untrennbare Verbindung» zwischen biologischer und kultureller Vielfalt. Die indigenen Völker haben jedes für sich in ihren Ökosystemen die verschiedensten Konzepte zur Aufrechterhaltung der biologischen Vielfalt entwickelt und in ihrer Kultur verankert. Wer diese Verbindung durch die Schaffung von künstlichen Wildnissen oder das Überstülpen einer universalen, westlich-konservativen Naturschutzideologie zerstört, muß mit einer Degradierung dieser Ökosysteme und einer Verringerung der biologischen Vielfalt rechnen. Im ursprünglichen Australien, sagt Posey, waren «traditionelle Technologien, dazu gehört der Einsatz von Feuer, Teile eines extrem hochentwickelten Systems, das die Balance von Fauna und Vegetation formte und bewahrte. Als die Aborigines schließlich in Siedlungen zentralisiert wurden, führte der Rückgang des Feuermanagements und der Verlust von heiligen Orten zu einer raschen Abnahme der Säugetiere in trockenen Regionen Australiens.»

Weltweit zeigt die bisherige, über 100jährige Erfahrung mit der Wildnis- und Nationalpark-Ideologie, daß sie die globale Artenvernichtung nicht stoppen konnte – und wahrscheinlich teilweise sogar erst in Gang gesetzt hat. Im Falle der Regenwaldnatio-

*«Die dominanten wissenschaftlichen und ökonomischen Kräfte gehen davon aus, daß sich traditionelle Gemeinschaften ändern müssen, um moderne Standards zu erfüllen, aber indigene und traditionelle Völker fühlen, das Gegenteil müßte geschehen: Wissenschaft und Industrie müssen anfangen, lokale Diversität und die heilige Balance zu respektieren.»*
*D. A. Posey, 1998.*

*«Seit 500 Jahren haben wir der Zerstörung der Indianer zugeschaut; jetzt schauen wir der Zerstörung ihres natürlichen Lebensraumes zu. Auf was warten wir noch?»*
*Gerard Reichel-Dolmatoff, Brasilien, Juli 1988*

nalparks Afrikas, Südostasiens oder Südamerikas sind sich die Forscher überdies nicht einmal sicher, ob wenigstens diese Reservate langfristig überlebensfähig sind. Denn sollte die Abholzung ungeschützter Wälder voranschreiten, droht den kleineren Wildnis-Reservaten aufgrund eines zu geringen genetischen Austausches das «natürliche» Aussterben von Tier- und Pflanzenarten. Noch gefährlicher allerdings könnte sich eine durch großflächige Abholzung ausgelöste lokale Klimaänderung selbst auf die bisher größten Regenwaldnationalparks auswirken. Nicht wenige Tropenökologen fürchten, die Schutzgebiete könnten trockener, heißer und langfristig ein Opfer der Flammen werden, wenn die Wälder um sie herum dem Kahlschlag erliegen. Doch eben dies geschieht. Der Wald- und Artenverlust schreitet weiter voran, weltweit, auch im 21. Jahrhundert. Allen Wildnis-Bekenntnissen zum Trotz fallen heute jährlich zehn Millionen Hektar Waldgebiete der Zerstörung durch den «zivilisierten» Menschen anheim.

«Die größte terrestrische Artenvielfalt», so der International Harald Tribune im Juni 2000, «findet sich in den Wäldern, und viele von diesen Arten sind gefährdet, weil industrielle Abolzungsfirmen tiefer und tiefer in die Urwälder der Erde vordringen. Mehr noch, Millionen von traditionellen Waldbewohnern sind bedroht und das Klima wird destabilisiert.»

*«Regenwälder sind wahrlich nur ökologisch stabil durch den Erhalt von großen, intakten Lebensräumen. Alles andere ist eine Holzplantage, ein Museum oder ein zum Sterben verurteilter Rest.»*
*Glen Barry, Forest Networking, April 2000.*

Bisher haben erst wenige westliche Biologen oder Naturschützer wie Paul Alan Cox und Thomas Elquist, die sich ihre Finger böse bei einem Naturschutzprojekt auf Samoa verbrannten, erkannt: «Öko-Kolonialismus, das Aufdrängen von westlichen Naturschutzparadigmen und Machtstrukturen sind unvereinbar mit indigenen Naturschutzkonzepten und menschlicher Würde.» 1996 stimmten zwar der WWF und die

Weltnaturschutzunion (IUCN), eine Allianz von NGOs und Regierungsagenturen, einer neuen Politik gegenüber indigenen Völkern zu. Dies war jedoch weder ein Schuldeingeständnis noch ein Abschwören von der konservativen Naturschutzpolitik. Zu tief scheinen der Glaube an Wildnis und kolonialistische Tendenzen verankert zu sein.

So ist Wolf Eberhard Barth, Leiter des Nationalparks Harz, auch heute noch offensichtlich felsenfest davon überzeugt, daß «Nationalparks dem Schutz der Natur dienen, wie sie wirklich ist und nicht wie wir sie gerne hätten». In natur&kosmos erklärte er Frühjahr 2000 weiter: «Der dynamische Zustand von Wildnis hat einen hohen Eigenwert für den Schutz der Natur, einen besonderen Inspirations- und Erholungswert für den Menschen und eine unverzichtbare Referenzfläche für ökologisch nachhaltige Wirtschaftsformen.»

Schön kompliziert ausgedrückt. Aber was ist nun der «dynamische Zustand von Wildnis» vor allem in einem Land wie der Bundesrepublik, wo es kaum einen Quadratmeter gibt, der nicht seit Jahrtausenden vom Menschen mitverändert, mitgestaltet oder verunstaltet wurde. Wie ist die Natur wirklich? Befindet sich der Nationalparkleiter nicht in einer argumentativen Schieflage, wenn er zwar erklärt, daß «Nationalparks dem Schutz der Natur dienen, wie sie wirklich ist und nicht wie wir sie gerne hätten», Nationalparks aber gleichzeitig nach internationaler Definition «Reservate sind, in denen der Mensch ausgeklammert wird». Doch Natur ohne Mensch, wo gab es das jemals in Deutschland, in den USA, in Brasilien, auf Java oder in Australien? Wie die Umwelt ausgesehen hat, bevor der Mensch vor 10.000, 100.000 oder vor 2 Millionen Jahren die Ökosysteme der Erde betrat, wissen wir nicht und können es höchstens erahnen.

*Nach Ansicht von Wissenschaftlern, die Erfahrung in der Arbeit mit indigenen Vökern haben, tragen nicht die Einheimischen die Schuld: «Das Problem ist die kulturelle Arroganz der [in die Gebiete indigener Völker; Anm. d. A.] eindringenden Experten, die voraussetzen, daß ihre Versuche, lokale Ökosysteme zu managen, Natur und Wissenschaft gleichermaßen zugute kommen und in jedermanns Interesse sind.»*
*Rob Edwards, New Scientist, 31. Mai 1997.*

***Presseerklärung des BUND vom 23. Mai 2000:***
*BUND zum «Tag der Parke»: Mehr Wildnis in Deutschland gefordert / Bundesumweltminister Trittin muss Naturschutz stärker fördern*
*Anlässlich des morgigen «Europäischen Tags der Parke» ruft der Bund für Umwelt und Naturschutz Deutschland (BUND) zu einer erheblichen Ausweitung naturbelassener Gebiete in Deutschland auf. Unter dem Kampagnenmotto «Wildnis in Deutschland» will der BUND den Anteil unbeeinflußter Flächen auf rund fünf Prozent des Bundesgebietes steigern. Umweltminister Trittin wird aufgefordert, mehr Verantwortung für das nationale Naturerbe zu übernehmen und zusätzliche Bundesmittel für die Schutz- und Bildungsaufgaben der Großschutzgebiete bereit zu stellen. Neue Nationalparke sollen nach BUND-Vorschlägen u.a. im Nordschwarzwald, im hessischen Kellerwald, im brandenburger Stechlingebiet und in den Moorlandschaften Norddeutschlands eingerichtet werden. Das in der Neufassung befindliche Bundesnaturschutzgesetz muß nach BUND-Auffassung die ursprüngliche Naturentwicklung in den Nationalparken und auf anderen schützenswerten Flächen stärker fördern. In Wildnis-Gebieten soll die Natur sich selbst überlassen bleiben, damit dort die Entwicklung von Tier- und Pflanzenarten unbeeinflußt vom Menschen ablaufen kann. Dafür sollen bundesweit geeignete Gebiete ausgewiesen werden.*

Deshalb: Allein dadurch, daß der Mensch ausgeklammert wird, dienen weltweit die allermeisten Nationalparks und Naturschutzgebiete – wenn sie überhaupt etwas schützen – dem Schutz einer Natur, *wie wir sie gerne hätten* und *nicht wie sie wirklich ist.*

«Gerade mehr Wildnis wäre ein unverzichtbarer Beitrag zum Erhalt vielfältigen Lebens, denn nur auf wilden Flächen können die dynamischen und evolutiven Prozesse der Natur ungestört ablaufen», heißt es in einer BUND-Broschüre. Doch wenn der Mensch ein Produkt der Evolution ist, was meines Wissens nur noch bibeltreue, an der Adam-und-Eva-Theorie festhaltende Fundamentalisten aus den USA bezweifeln, dann ist der Mensch auch Teil der Evolution. Oder haben wir uns plötzlich aus dieser Evolution herauskatapultiert? Wieso sollte es dann der Evolution förderlich sein, wenn wir versuchen, uns aus der Evolution künstlich herauszuhalten?

All diese Widersprüche tun der Beliebtheit der Nationalparks gerade in den biologischen Wissenschaften und bei Tourismusfachleuten keinen Abbruch. Bieten sie doch gleichzeitig Forschungsgegenstand und herrliche, in der Welt einmalige – und dazu oft hoch bezahlte – Arbeitsplätze für Naturwissenschaftler wie Ökologen, Botaniker, Zoologen, Verhaltensforscher, Tropenforstwirte usw. Und wer sägt schon den Ast ab, auf dem er sitzt? «Wie können Naturschützer, die auf der einen Seite von der Bewahrung der Natur reden und auf der anderen Seite Toilettenpapier, Plastik und Klimaanlagen benutzen, glaubwürdig sein?» fragt der indische Forscher Pramod Parajuli 1998 abschließend in seinem Bericht «Peasant Cosmovisions and Biodiversity: Some Reflections from South Asia».

Es gibt noch eine rationale Begründung für das Festklammern westlicher Umweltschützer, Wissenschaftler und Naturschutzorganisationen am Wildnis-Mythos: Bequemlichkeit. Das Wildnis-Konzept paßt wie keine andere Naturschutzideologie ins Konzept der Industriegesellschaft und wird deshalb von international tätigen Konzernen wie auch von Tourismusunternehmen und staatlichen Entwicklungsorganisationen bereitwillig unterstützt. Wer die Natur jedoch an sich schützen möchte, müßte diese Industriegesellschaft von Grund auf verändern. Dies hieße, seinen eigenen Lebensstil drastisch ändern und gleichzeitig auf einen Großteil von Sponsorengeldern verzichten. Um eben dies zu vermeiden, wird ein geteiltes Weltbild proklamiert: hier der Ort, wo die Umwelt verschmutzt, massiv verändert, ausgebeutet, zubetoniert wird, dort der Ort für die «Seele» des konservativen Naturschutzes, die Wildnis, das Biotop, der Nationalpark, wo sich der gestreßte industrialisierte Mensch erholen kann. Somit ist die Wildnis-Ideologie nichts anderes als ein Instrument zur Aufrechterhaltung einer umweltverbrauchenden Industriegesellschaft, ein Ablaßventil vergleichbar dem Ablaßhandel im Christentum. Der Inder Medha Patkar, Sprecher der Narmada Bachao Andolan, sieht es ähnlich: «Was die Stämme heute sagen, ist, werft uns nicht aus den Nationalparks und Tierschutzgebieten hinaus, weil ihr diejenigen seid, die den Wald bereits zerstört haben. Das Wenige, was heute noch übrig ist, ist da, weil wir und nicht-konsumierende Beschützer hier leben aber nicht gierige Nutzer wie ihr. Das ganze Problem ist im Grunde ein Problem des Lebenstils. Es kann keine Lösung geben, bevor der Konflikt zwischen Lebensstilen, zwischen heutigen und zukünftigen Interessen gelöst ist.»

Wildnisse sind Alibis, sind Deckmäntel, um unsere «Sünden» zu kaschieren oder zu sühnen. Wann immer in den vergangenen

*«In einem sehr ursprünglichen Sinn war die Wildnis genauso eine städtisch-kulturelle Erfindung wie die trockenen Hügelflächen des Owans Valley, die gefluteten Canyons des Colorado River oder die Vorstädte von Los Angeles.»*
*Oxford History of the American West*

Jahren eine neue Straße durch ein Regenwaldgebiet gebaut wurde oder eine Landschaft zum Abbau von Bodenschätzen herhalten mußte, wurde gleichzeitig ein relativ kleiner Teil des betroffenen Ökosystems als grünes Mäntelchen zum Schutzgebiet erklärt. Dies wird genauso in der Praxis der internationalen Entwicklungshilfe deutlich. Egal ob Asien, Afrika oder Amerika: Auf der einen Seite fördern die reichsten Länder der Erde mit Hilfe staatlicher Entwicklungshilfegelder die Abholzung oder Umwandlung der von indigenen Völkern genutzen Wälder, auf der anderen Seite unterstützen sie – freilich mit etwas weniger Geld – die Einrichtung von «menschenleeren» Schutzgebieten. Weltweit bemühen sich unsere Biologen und Naturschützer, unbewohnte Wildnisse durch Verdrängung der Urbevölkerung zu schaffen. Gleichzeitig erzeugen wir mit unserem weiter unstillbaren Hunger nach Rohstoffen und Energie, mit unserer Wirtschaftswachstumsgläubigkeit tatsächliche Wildnisse im Sinne von «unbewohntem, ungenutztem» Land. Dank rücksichtslosem, unmenschlichem Bergbau und giftigen Abraumhalden oder oberirdischen Atomtests wie im australischen Maralinga schaffen wir für Menschen unbewohnbare Wüsten, Wildnisse im wahrsten Sinne des Wortes, die nicht mal Touristen aufsuchen wollen – Ausnahmen bestätigen die Regel. Ist nicht das Innere eines geborstenen Atomkraftwerkblocks von Tschernobyl, dessen Kernbrennstoff, eingeschlossen von einem Sarkophag aus Beton, ein unheimliches, von der Kontrolle des Menschen befreites wildes Leben weiterführt, Wildnis pur?

*«... zwischen 1952 und 1963 führte Großbritannien drei Atomexplosionen auf den Monte-Bello-Inseln vor der Küste Westaustraliens durch und neun bei Maralinga und Emu, die sich nahe der Woomera-Rocket-Berge, etwa 1.000 Kilometer nordwestlich von Adelaide befinden.... als Folge dieser Tests wurde den Maralinga Tjarutja, dem Aboriginal-Volk, der Zugang zu etwa 3.000 Quadratkilometern ihres Landes verwehrt.»*
*Ian Anderson, New Scientist, 12. Juni 1993*

*«Und hinter dem Moloch der industriellen Produktion stehen Menschen wie ich, Angehörige der Konsumentenklasse, die, ob wir es wollen oder nicht, die Zerstörung entlegener Ökosysteme bewirken, um deren Bewahrung sich alteingesessene Völker bemühen.»*
*Alan Thein Durning, World-Watch-Wissenschafler, 1992.*

Der Radiojournalist und Buchautor Rupert Neudeck schrieb 1992 in seinem Buch «Das Versagen des Humanismus», daß unser «entwicklungspolitisches Bewußtsein» nur «von zwölf Uhr bis Mittag reicht». Gleiches trifft wahrscheinlich auf das übliche, naturschutzpolitische Bewußtsein unserer westlichen Gesellschaft zu.

Wie wird wohl die Zukunft aussehen, wenn wir den Wildnis-Mythos nicht überwinden und das westliche Industrie- und Naturschutzmodell weiter voranschreitet? Werden wir eines Tages eine dreigeteilte Welt haben? Auf der einen Seite eingezäunte Wildnisse für Erholungssuchende, dazwischen Arbeitsplatzstandorte, gen-landwirtschaftliche Produktionsflächen und die Elendssiedlungen der Verlierer dieses Systems, und auf der anderen Seite die gleichfalls eingezäunten, aber unbewohnbaren Wildnisse der Abraumhalden, Giftseen, Giftmülldeponien und radioaktiv verseuchten Landstriche?

In seiner im Jahr 2000 verbreiteten Broschüre «Wildnis wagen!» zitiert der BUND Aldo Leopold: «Wildnis ist eine Absage an die Arroganz des Menschen.» Wer die jüngere Geschichte der Instrumentalisierung von «Wildnis» analysiert, würde es jedoch so ausdrücken: «Wildnis ist ein Ausdruck der Arroganz des industriealisierten und kommerzialisierten Menschen.»

*«… und so haben sie das Land der Freuden zur Wüste (Wildnis) gemacht.»*
*Sach 7,14*

## Länderbeispiel Indien: Ureinwohner als Opfer des Naturschutzes im Rajive Gandhi Nationalpark

Zwei Visionen stehen sich in Verbindung mit dem Erhalt von Naturschutzgebieten gegenüber. Eine von ihnen – sie stammt von konservativen Zirkeln aus dem Norden – besagt, daß sie als natürliche Filmszenen ohne Menschen zu erhalten seien. Um dies möglich zu machen, sind indigene Völker und andere einheimische Waldbewohner als Bedrohung anzusehen und müssen entfernt werden. Von einer modernen Sichtweise aus betrachtet, sollte die Natur aber in ihrer Co-Evolution mit menschlichen Kulturen betrachtet werden, und Waldvölker, die einen wesentlichen Teil dieser Verwandschaft darstellen, haben einen wichtige Rolle in der Bewahrung der Biodiversität der Wälder. Indien war und ist ein typischer Schauplatz für diesen Konflikt. Ständig gibt es Probleme in Indiens Nationalparks, Reservaten und anderen Naturschutzgebieten zwischen Regierungsmitarbeitern und Tierschutzorganisation auf der einen Seite und indigenen Völkern und einheimischen Gemeinschaften sowie Menschenrechtlern auf der anderen Seite. Obwohl eine zivile Gesellschaft eigentlich Brücken zwischen diesen beiden gegensätzlichen Visionen bauen sollte, sind indigene Völker, die historisch Waldgebiete geschützt haben, weiterhin Opfer von staatlicher Gewalt und Mißbrauch. Dieses geschah nun abermals. Nach der brutalen Umsiedlung von 51 Familien durch das Forstministerium und der Polizei um Mitternacht am 12. Juni 1999, drang am 23. September 2000 ein großer Trupp von Angestellten der Forstbehörde in die Kolengere-Stammes-Siedlung von Nagarhole ein, um mit Gewalt 30 Familien des Stammes an einen neuen Ort bei Veeranahosalli, am Rand des Nationalparks zu bringen und ihre Wohnungen zu zerstören... Der historische Konflikt zwischen Forstministerium und traditionellen Bewohnern des Parks hatte sich in den letzten Jahren verschärft mit der Absicht der Provinzregierung Karnatakas, das kontroverse Weltbank-Öko-Entwicklungsprojekt in dem Gebiet zu verwirklichen. Der offizielle Plan wurde weiter umgesetzt, obwohl er die eigenen Regeln der Weltbank verletzt, die die indigenen Völker sowie ihre konstitutionellen Rechte anerkennen.

*Der Text des WRM-Bulletin, Nr. 38, September 2000, basiert auf Informationen von Tom Griffiths, 3/8/2000. E-Mail: tom@fppwrm.gn.apc.org, / WORLD RAINFOREST MOVEMENT (WRM), Oxford Office, Tel: 0044.1608.652.893, Fax 0044.1608.652.878, Web page: http://www.wrm.org.uy, E-Mail: wrm@gn.apc.org*

## Länderbeispiel Nicaragua: Indigene Völkerrechte und das Bosawa-Reservat

Der Osten Nicaraguas, bekannt als die Atlantik-Küste, ist geographisch in eine Süd- und Nordregion aufgeteilt. Dieses Gebiet ist bekannt für seinen Reichtum an natürlichen Ressourcen und seine Artenvielfalt. Dort leben 500.000 zumeist einheimische Menschen, die sechs ethnischen Gruppen angehören und von Landwirtschaft sowie Fischfang leben. 1987, während der Regierung der Sandinisten, wurden die Rechte der Gemeinden an ihren natürlichen Ressourcen und das Recht auf ihren tradtionellen Landbesitz in einem Autonomiegesetz anerkannt. Doch in den vergangenen Jahren wurde dieses Gesetz von ausländischen und nationalen Investoren ignoriert, die Wälder und Fischressourcen plünderten. Oktober 1991 erklärte die Regierung Nicaraguas einen Großteil der indigenen «Stammesgebiete» zum Nationalen Reservat für natürliche Ressourcen, das unter dem Namen Bosawas bekannt wurde. Das größte Reservat in Zentralamerika bekam dann im Januar 1998 den Status eines UNESCO-Biosphärenreservat. Das Reservat wurde aber ohne vorherige Absprache mit den 34.000 dort lebenden einheimischen Menschen – Miskitos und Mayagnas – errichtet. Die indigene Bevölkerung des Gebietes wartet weiterhin darauf, von der Regierung gehört zu werden. Sie befürchten, daß die Regierung ihr Gebiet zum Naturreservat erklärt hat, um Profit aus den natürlichen Ressourcen zu machen. Die indigenen Gemeinden glauben, daß die Errichtung von Parks oder Reservaten nicht dem Schutz der Wälder diene, sondern zur Ignorierung ihrer legitimen Landrechte führt.

*Gekürzt aus: World Rainforest Movement (wrm) Bulletin 38, September 2000. Weitere Infos bei der indigenen NGO: ADEPSIMISUJIN.*
*E-Mail: pdessost@ibw.com.ni oder beim: Centro Alexander von Humboldt,*
*E-Mail: humboldt@ibw.com.ni*

## Länderbeispiel Kenia: Landrechte einheimischer Völker ignoriert

Obwohl einheimische Völker und ländliche Gemeinschaften diejenigen sind, die direkt und am schwersten unter den Folgen der Regendwaldzerstörung durch Eindringlinge zu leiden haben, betrachten die meisten Regierungen sie als illegale Siedler und als verantwortlich für Waldzerstörung und Ausrottung der Wildtiere. Die Regierungen bedrohen deshalb diese einheimischen Gemeinschaften mit Ausweisung oder sie vetreiben sie direkt aus ihrem Heimatgebiet. Diese Art der Mißhandlung ist oft verbunden mit der Vergabe von Abholzungskonzessionen oder der erklärten Absicht, gefährdete Arten zu schützen, in der Annahme, daß Naturschutz nur in Abwesenheit von menschlichen Wesen möglich sei. Beide Arten von Mißhandlungen geschehen gegenwärtig in Kenia.
Hier sind zwei Beispiele:

Die Ogiek – ein Jäger- und Sammler-Volk, das seit undenklichen Zeiten den Mau-Wald und angrenzende Gebiete besiedelt – wurden wiederholt von den Behörden bedroht und zum Verlassen ihrer angestammten Gebiete gedrängt. 1991 hatte zwar der Staat die Landrechte der Ogiek an einem Teil der Tinet-Wälder anerkannt, aber dies führte nicht zur Verbesserung ihrer Situation. Inzwischen wurden die Ogiek – sie zählen 5.000 Menschen – in den letzten Waldgürtel der ehemaligen Mighty-Mau- und Mount-Elgon-Wälder verdrängt. Dies ist Konsequenz eines Prozesses, der in kolonialen Zeiten begann und auch nach der Unabhängigkeit des Landes anhält. Die aufeinanderfolgenden Regierungen ignorierten die angestammten Landrechte der Ogiek und vergaben große Teile der ehemaligen Waldgebiete an die regierenden Eliten.

Andere Teile der verbliebenen Wälder gingen an Holzfirmen. Obwohl Kenia mehrere internationale Verträge zum Schutz der Rechte indigener Völker ratifiziert hat, wurden sie in Wirklichkeit nicht respektiert.

Ein zweites Beispiel von Ignorierung angestammter Landrechte ist mit dem Naturschutz verbunden. Ein vom Kenia Wildlife Service durchgeführtes Naturschutzprojekt – finanziert mit Geldern aus der Global Environment Facility (GEF) – soll eine gefährdete Affenart im Tana River District der Küstenprovinz schützen und sieht die Umsiedlung der lokalen Bevölkerung vor. Doch die Bewohner des Gebiets in Ngao und Ndera wollen nicht gehen. Das offizielle Versprechen, die Landbesitzer zu entschädigen, teilte die lokale Bevölkerung in zwei Gruppen. Die einen akzeptieren die Umsiedlung von ihren Farmen entlang des Flusses, während die anderen ablehnen, weil sie glauben, das Geld könne den Verlust von eigenem Land nicht kompensieren und führe überdies zu einer dramatischen Änderung ihres Lebensstiles. Tatsächlich sollen die Leute von ihrem Fluß in die halbtrockenen Steppen-Ebenen von Ozi und Kipini, wo es keine Flüsse gibt, umsiedeln.

## Länderbeispiel Brasilien: Ausgestorbenes Volk taucht im Nationalpark auf

Die Naua im Westen des südbrasilianischen Amazonasgebiets galten seit 1920 als ausgestorben, dezimiert durch von Gummisammlern eingeschleppte Seuchen und durch Kämpfe mit konkurrierenden Stämmen. Doch im Jahr 2000 tauchten sie plötzlich wieder auf. Die Regierung Brasiliens hatte ein noch nicht abgeholztes Gebiet im Bundesstaat Acre zum Nationalpark erklärt. Als aber dann Regierungsangestellte

*Gekürzt aus: World Rainforest Movement (WRM), Bulletin 40, November 2000. Weitere Informationen bei: International Network of Forests and Communities. E-Mail: network@forestsandcommunities.org; Internet: www.forestsandcommunities.org.*

***Zum Nach- und Weiterlesen***

*Anderson, Ian: «Britain's dirty deeds at Maralinga». In: New Scientist, 12. June 1993.*

*Bakker-Cole, Mary: «South Africa returns wilderness to the people». In: New Scientist, 11. May 1996. Clyde A. Milner im Oxford History of the American West.*

*Cox, Paul Alan und Elmqvist, Thomas: «Ecocolonialism and Indigenous-Controlled Rainforest Preserves in Samoa». In: Royal Swedish Academy of Science, Ambio, Vol. 26, No. 2, March 1997.*

*Edwards, Rob: «Beware green imperialists». In: New Scientist, 31. May 1997.*

*Finger, Mathias und Kilcoyne, James: «Why Transnational Corporations are Organizing to Save the Global Environment». In: The Ecologist, Vol.27, No.4, July/August 1997.*

*Footit, Claire: «No Pride and Prejudice». In: Geographical, November 1999.*

*Greer, Jed und Bruno, Kenny: Greenwash: The Reality behind Corporate Environmentalism. The Apex Press and Third World Network, 1996.*

*Guha, Ramachandra: «The Authoriarian Biologist and the Arrogance of Anti-Humanism – Wildlife Conservation in the Third World». In: The Ecologist, Vol. 27, No.1, Jan-Feb. 1997*

*Henschel, Uta, «Serengeti – Ein Platz nicht nur für Wilde Tiere». In: Geo Nr. 12, Dezember 2000.*

*International Institute for Environment and Development: «Take only Photographs. Leave only Footprints: the environmental impacts of Wildlife Tourism», 1997.*

*Kay, Charles E.: «Are Ecosystems structured from the top-down or bottom-up: a new look at an old debate». In: Wildlife Society Bulletin 1998, 26(3), S. 484-498.*

*Klaus, Gregor: «Die Pygmäen Afrikas in Gefahr – Ein stiller Auszug aus dem Paradies». In: Neue Züricher Zeitung,, 12./13.7.1997.*

*Natur und Kosmos: «Auf den Spuren der Romantiker – Dossier Nationalparke», März 2000.*

*Nuding, Markus: The Potential of Wildlife Management for Development Coorperation. GTZ, Eschborn, 1996.*

*Rathgeber, Theodor: «Vertrieben für Wildreservate». In: Progrom 204, Dezember 1999.*

*Reichel-Dalmatoff: «A view from the Headwaters». In: The Ecologist, Vol. 29. No 4, July 1999.*

*Sale, Kirkpatrick: «Again, The Savage Indian». In: The Ecologist, Vol 30 No 4, June 2000.*

*Selincourt, Kate de: «Demon Farmers and other Myths». In: New Scientist, 27. April 1996.*

*Sturm, Hans-Jürgen: «Weidewirtschaft in Westafrika». In: Geographische Rundschau, 1999, Heft 5.*

*Suchanek, Norbert: Ausgebucht – Zivilisationsfluch Tourismus. Stuttgart, 2000.*

*Trüb, Lucien F: «Krüger-Nationalpark: alte und neue Probleme». In: Naturwissenschaftliche Rundschau, Heft 12/1997.*

Großstadtwildnis Sao Paulo, Foto: Suchanek

das Gebiet des neuen Serra-do-Divisor-Nationalparks näher untersuchten, um dort «illegal» lebende Personen aus dem Gebiet zu entfernen, tauchten plötzlich etwa 250 Überlebende des Naua-Volkes auf. «Sie sagten, sie wollten das Land nicht verlassen, denn sie lebten schon immer hier. Sie sagten, sie sind Naua», berichtete ein Mitarbeiter der Funai (Indianerschutzbehörde) der Nachrichtenagentur Reuters. «Wir dachten», so der Funai-Mitarbeiter, «es gebe keine Naua mehr. Nun ist es unsere Aufgabe, für sie Land zu finden», denn, Menschen seien in dem Nationalpark nicht erlaubt, nur Wald und Tiere dürften dort leben. (Gekürzt aus Informationen von der Amazon Alliance for Indigeneous and Traditional Peoples of the Amazon Basin, November 2000)

# Abschied vom Mythos der «Grünen Hölle»

## Urwald-Wildnis oder Kulturraum?

Kaum ein anderes Ökosystem wird bis heute so eng mit Wildnis, mit unberührter Natur, in Verbindung gebracht wie die tropischen Regenwälder, allen voran der «Amazonas-Urwald», das größte zusammenhängende Regenwaldgebiet unseres Planeten. Der «Amazonas» gilt als Inbegriff der Wildnis schlechthin. Nicht nur Abenteuerromane wiederholen seit Jahrzehnten gebetsmühlenhaft die Mär vom unberührten Regenwald, von der «Grünen Hölle» Amazoniens. Auch manche Wissenschaftsautoren, die Presse und selbstverständlich das Fernsehen werden nicht müde, die Amazonasregion sowie die anderen, noch nicht abgeholzten Regenwaldgebiete unseres Planeten als Wildnisse oder «unberührt» zu bezeichnen. Selbst der Münchner Professor Josef Reichholf bezeichnet in seinem, dem WWF gewidmeten Buch «Der unersetzbare Dschungel» den Amazonasregenwald als «Wildnis» und «Grünes Paradies», das jedoch für die Bewohner, die unsachgemäß damit umgehen, «schnell zur grünen Hölle» wird. Und der Bund für Umwelt und Naturschutz Deutschland (BUND) schrieb jüngst: «Die Regenwälder am Amazonas kommen den Vorstellungen vieler Menschen von Urwüchsigkeit am nächsten. Doch Wildnis ist nicht nur ein undurchdringlicher Wald.» Die deutschen Naturschützer sollten es eigentlich besser wissen. Die Regenwälder Amazoniens sind weder eine «Wildnis» noch «undurchdringlich» und auch keine «grüne Hölle».

*«Ailton Krenak erzählt, daß das Haus, das der Vereinigung der indianischen Nationen als Hauptquartier dient, ein koloniales Gebäude aus dem 18. Jahrhundert ist. Historiker und Architekten tanzen darum herum... weil sie ein sehr altes Haus gesehen haben. Wie jung doch diese Leute sind... Wissen sie überhaupt, daß ein Paranuß-Baum 600 Jahre lebt? Daß Mahagony, Jacaranda oder Jequitibá-Bäume bis zu 1.200 Jahre lang leben? Und daß sie unter dem Baum sitzend Geschichten aus dieser Zeit hören könnten?»*
*Francisco Ritta Bernardino: Amazon Emotion. Manaus 1998.*

*«Eine 1991 begonnene, aufsehenerregende Studie eines Teams unter der Leitung von Anna C. Roosevelt (Field Museum und University of Illinois, Chicago) zeigt, daß Menschen bereits vor 11.000 Jahren in den tropischen Wäldern des heutigen Brasiliens gelebt und eine Kultur entwickelt haben, die nicht auf der Großwildjagd beruhte... Manche Forscher behaupten sogar, die ersten Indianer hätten Amerika schon vor 30.000 bis 50.000 Jahren besiedelt.»*
*Naturwissenschaftliche Rundschau, Heft 3/1997*

Nur wenig Licht fällt auf den Boden des Regenwaldes. Sein dichtes Blätterdach nutzt die Sonnenstrahlen optimal aus. Das vielfältige Leben des Waldes spielt sich hauptsächlich zwanzig bis dreißig oder gar fünfzig, sechzig Meter über dem Erdboden ab. Früchte und Blätter der Urwaldriesen sind Nahrung für Insekten, Vögel, Affen und Faultiere. Dem Menschen aus der sogenannten Zivilisation bleibt die Welt dort oben weitgehend verschlossen. In der Düsternis der untersten Etage bewegt er sich in seinem eigenen Schweiß, atmet scheinbar mehr Wasser als Sauerstoff. Während er sich vergeblich abmüht, aus der grünen Vielfalt irgend etwas anderes zu erkennen als Pflanzen, haben ihn längst die empfindlichen Sinnesorgane der Schlangen registriert, verfolgen ihn Affenaugen auf Schritt und Tritt, haben Vögel trillernd und kreischend alle anderen Waldbewohner vor ihm gewarnt. Der Wald erscheint uns fremden Eindringlingen als ein grünes Universum, als ein fremdes und unübersichtliches grünes Chaos – das es zu beseitigen oder zu bewahren gilt. Seit 500 Jahren, seit der Eroberung Lateinamerikas ist die Zerstörung der Regenwälder durch Abholzung für den Tropenholzexport und den Aufbau von Monokulturen die allgemein übliche, «zivilisatorische» Methode, um sie zu Geld zu machen, mit verheerenden Folgen: Erosion, Verlust von Humus, Änderung des Wasserhaushalts, Ausbreitung der Wüsten, Verlust der Artenvielfalt, lokale und überregionale Klimaveränderung. Die vermeintliche «Wildnis» wird mit Kettensägen, Planierraupen, Pestiziden und nichteinheimischen, clonierten und neuerdings auch genmanipulierten Monokulturen zivilisiert, wird letztlich tatsächlich zur unbewohnbaren «Wüste». Doch das, was mit industriellen Methoden beseitigt wird, ist kein unberührter Regenwald, keine Wildnis, sondern vertrauter Lebensraum zahlreicher einheimischer Völker. Mehr und mehr Forscher erkennen: Der Regenwald Lateinamerikas und besonders Brasiliens ist eine Kulturlandschaft, die seit mehr als 10.000 Jahren von Millionen von indigenen Menschen geprägt und gestaltet wurde. Dies beweist beispielsweise ein Blick auf die Kultur der Kayapó-Indianer.

Beispiel einer traditionellen, von Menschen gemachten, aber von Forschern fälschlich als «natürlich» erkannten Landschaftsform sind die «Waldinseln» in den Savannen des südöstlichen Amazonasgebiets. Diese Savannen – in Brasilien Campos und Cerrados genannt – sind Teil des knapp vier Millonen Hektar großen Kayapó-Indianerreservats im Gebiet des mittleren Xingu-Tales. In dieser an Arten und Ökosystemen vielfältigen Region mit tropischen Regenwäldern, großen Flüssen und Galeriewäldern, mit offenen, weiten Savannen und trockenen, lichten Cerrado-Wäldern leben heute noch etwa 5.000 Kayapó-Indianer. Sie selbst nennen sich Mebengokre. Ihre Population lag vor dem ersten Kontakt mit den «weißen» Eindringlingen wahrscheinlich weit über 5.000, schätzt der Ethnobiologe Darrell Addison Posey, der viele Jahre bei ihnen lebte. Das Besondere am Lebensraum der Mebengokre sind artenreiche, bis zu etwa zehn Hektar große Regenwaldinseln inmitten der Savannen. Westliche Botaniker und Ökologen sahen diese Waldinseln, die die Kayapó Apêtê nennen, noch bis vor wenigen Jahren als «wilde Naturlandschaft» an. Doch der am Institute of Social and Cultural Anthropology in Oxford lehrende Darrell Posey wies in den achtziger und neunziger Jahren zweifelsfrei nach, daß diese Apêtê indianischen Ursprungs sind. Die Kayapó haben sie selbst gepflanzt. «Die Indianer», sagt Posey, «nutzen ihr exaktes Wissen über

*Der Amazonasregenwald: Grüne Wildnis oder indianische Kulturlandschaft? Die tropischen Regenwälder zählen zu den artenreichsten Ökosystemen unseres Planeten – aber Wildnis sind sie nicht.*
*Foto: N. Suchanek*

*«Indigene, traditionelle und lokale Gemeinschaften haben seit der Morgendämmerung des Homo sapiens eine weite Vielfalt an Pflanzen, Tieren und Ökosystemen nachhaltig genutzt und bewahrt. Mehr noch, menschliche Wesen haben ihre Umwelt(en) bewußt und unbewußt seit Jahrtausenden verändert – bis zu einem Ausmaß, daß es oft unmöglich ist, Natur von Kultur zu unterscheiden.»*
*Darrell Addison Posey: Culture and Nature – The Inextricable Link (1998)*

*Kayapó – Sie nutzen und gestalten seit Jahrhunderten das südöstliche Amazonasgebiet mit.*
*Foto: D.A. Posey*

Bodenfruchtbarkeit, mikroklimatische Bedingungen und Pflanzenvarietäten, um geschickt nichtdomestizierte Arten in waldähnliche Konzentrationen von nützlichen Pflanzen zu säen, zu pflanzen oder umzusetzen.»

Die Herstellung von Waldinseln ist nur eine von vielen Fähigkeiten indigener Völker Amazoniens, mit der sie ihre Umwelt gestalten. Die Anlage von Waldgärten im Regenwald ist eine weitere Form der traditionellen Prägung und Nutzung ihres Lebensraumes. Diese lange Zeit von der Wissenschaft als «Brandrodungsfeldbau» oder im Englischen als «slash and burn» und «shifting cultivation» abqualifizierte und vereinfacht dargestellte Waldnutzungsform vieler Ureinwohner ist in Wirklichkeit eine nachhaltige, hochkomplizierte, äußerst differenzierte und mehrdimensionale Land- und Waldwirtschaft. Eingepaßt in ein Wegesystem werden die Waldgärten mancher Amazonasvölker noch über Jahrzehnte und Generationen hinweg von den einheimischen Menschen genutzt und weitergestaltet. Aufgrund eigener Beobachtungen und Ergebnissen anderer Ethnobiologen, gelangten Forscher wie Darrell Posey schon vor Jahren zum Schluß, daß es sich bei Amazonien nicht um eine Wildnis, sondern um eine Kulturlandschaft handelt, in Jahrtausenden geprägt und mitgestaltet von Hunderten von einheimischen Völkern.

*«Heute leben schätzungsweise 170.000 bekannte Indianer in den amazonischen Indianerreservaten, aber wir wissen von wenigstens 35 Indianergruppen, die noch isoliert und ohne Kontakt zu unserer Zivilisation leben... Vor 500 Jahren gab es sechs Millionen Indianer in Brasilien, die meisten von ihnen in Amazonien.»*
*Francisco Ritta Bernardino: Amazon Emotions. Manaus 1998*

Dies meint auch der Archäologe Clark L. Erickson von der University of Pennsylvania. Er untersuchte einen Teil des Amazonasbeckens in Bolivien und fand heraus: Ein über 300 Quadratkilometer großes, regelmäßig überschwemmtes Gebiet in der Baures-Region sei nicht natürlichen Ursprungs, sondern Paradebeispiel einer von einheimischen Völkern gestalteten, also anthropogenen Landschaft. Eine indianische Kultur habe dort – vor Ankunft der

Spanier – ein komplexes Netzwerk von Kanälen und Teichen angelegt, um die saisonalen Überflutungen und den Fischfang zu kontrollieren. Es entstanden Fischteiche, die die Einheimischen wahrscheinlich auch während der Trockenzeit mit Nahrung versorgten, glaubt der Forscher. Die New York Times schrieb im November 2000: «Die neuen Erkenntnisse, sagte Dr. Erickson, zeigten, daß ein Großteil des Amazonasbeckens keine echte Wildnis sei, sondern eine Landschaft, die von Menschen während der letzten 12.000 Jahre geschaffen wurde.»

Doch nicht nur das große Regenwaldgebiet im Herzen Südamerikas ist keine Wildnis. Solche von der westlichen Forschung oft ignorierten Kulturlandschaften finden sich auf allen Kontinenten. «Viele sogenannte ‹unberührte› Landschaften sind tatsächlich Kulturlandschaften, die entweder von Menschen geschaffen oder durch menschliche Aktivitäten verändert wurden», sagt Posey. Wälder seien öfter die «Hinterhöfe» von Ureinwohnern als die von Außenseitern angenommenen «Wildnisse». Zu den erst jüngst «entdeckten» Kulturlandschaften zählten, so der Ethnobiologe, die Gebiete der Aborigines-Völker, «die 100.000 Jahre bevor die Bezeichnung nachhaltige Entwicklung geschaffen wurde, Samen gehandelt, Knollen geteilt, gezüchtete sowie nichtgezüchtete Pflanzenarten verteilt haben». Doch Biologen wie Naturschützer sehen oft die Gärten vor lauter Bäumen nicht. So auch in Westafrika.

*«Wie konnten die Adivasi, die Wald abholzten, um darin zu siedeln, eine gesunde Verbindung mit dem Wald aufrechterhalten? Die Antwort ist, daß Wälder keine jungfräuliche Wildnis unberührt von Menschen sind.»*
*Pramud Parajuli: Peasant Cosmovisions and Biodiversity: Some Reflections from South Asia (1998)*

Westliche Ökologen wie Naturschützer klagten in den 1980er und 1990er Jahren Westafrikas Bevölkerung der radikalen Abholzung ihrer Urwälder an. 1992 fuhren deshalb zwei britische Anthropologen nach Guinea, um dieser Waldzerstörung auf den Grund zu gehen. In der vor ihrer Abreise nach Westafrika «gewälzten» wissenschaft-

*«Viele (wissenschaftliche) Beobachter glauben immer noch, daß Shifting Cultivation (Wanderfeldbau) den Boden degradiert, so daß stets unberührter Wald während jedes Zyklus' zerstört wird.»*
*Kate de Selincourt im New Scientist, 27. April 1996*

*Überall gibt es die Annahme, daß Einheimische unfähig sind, Wälder zu unterhalten, und so werden ihnen die Rechte genommen, die Bäume so zu nutzen, wie sie es wollen, sagt Fairhead. Die Ironie, betont er, sei, daß Menschen davon abgehalten würden, die Bäume anzutasten, die sie vielleicht selbst gepflanzt haben.*
*New Scientist, 17. April 1996*

lichen Literatur war von einer «fast zu 100 Prozent degradierten» Landschaft in ihrem Zielgebiet die Rede. «Doch was Leach und Fairhead fanden, stellte die Dinge auf den Kopf», berichtete 1996 der New Scientist. Statt brutaler Abholzung durch Einheimische stellten die beiden Briten fest, daß viele Waldgebiete nur aufgrund menschlicher Tätigkeit existierten, «erschaffen von lokalen Bauern, die genau wußten, was sie taten». Melissa Leach und James Fairhead entdeckten, daß die Einheimischen in Guinea rund um ihre Dörfer «Waldinseln» in der Savanne anlegen und kultivieren. Die Bäume schützen die Dörfer vor Hitze, trockenem Wind, liefern Früchte, Nüsse, Medizin, geben Menschen und Kaffeebüschen und anderen Pflanzen notwendigen Schatten. «Die Leute konnten uns leicht verlassene Dörfer oder Gärten in der Savanne zeigen, weil ihre Baumvegetation sie sofort erkennbar machte», zitiert der New Scientist die beiden Forscher. Leach und Fairhead untersuchten daraufhin die Nachbarländer Nigeria, Sierra Leone, Benin, Togo und die Elfenbeinküste mit demselben Ergebnis. Auch in den Savannengebieten dieser Länder, zwischen der Sahelzone im Norden und den tropischen Regenwäldern im Süden, fanden sich von Menschen angelegte Waldinseln. Wie kam es also zu der orthodoxen wissenschaftlichen Ansicht, die Region leide unter massiver Abholzung? Laut WWF (World Wide Fund for Nature) beispielsweise, so der New Scientist, verliere Westafrika seine Wälder so schnell wie keine andere Region der Erde. Für die Ursache dieser offentsichlich nicht ganz korrekten «Katastrophenmeldung» haben Leach und Fairhead eine plausible Antwort: falsche Daten und Annahmen. Biologen hatten – aus dem Elfenbeinturm westlicher Wissenschaft heraus – in der Vergangenheit angenommen, die

«Waldinseln» in den heutigen Savannen Westafrikas seien die Reste eines großen, natürlichen Waldgebietes, das sich noch bis vor dem Zweiten Weltkrieg praktisch von der westafrikanischen Küste bis zur Sahelzone erstreckte, und extrapolierten aus dieser Falschannahme: Wenn die Abholzung in Westafrika weitergehe, würden auch diese Waldreste verschwinden. Doch die Auswertung von Luftaufnahmen aus den 50er Jahren, die weniger Wald zeigen als Satellitendaten aus den 1990er Jahren, bestätigen die Erkenntnisse von Leach und Fairhead: Nicht die Einheimischen haben den (fiktiven) großen Wald abgeholzt, sondern die Einheimischen haben die Waldgebiete in der Savanne erst geschaffen.

«Leach und Fairhead sind überzeugt», schreibt der New Scientist, «daß ihre Ergebnisse zu einem besseren Management von Waldvegetation zum Vorteil für die Umwelt und die lokale Bevölkerung führen könnten. Aber die Frage ist nicht nur technischer Natur. Sie ist entscheidend politisch.» Die beiden Forscher glauben, daß die heutigen (falschen) Ideen über die Abholzung in Westafrika teilweise das Ergebnis der Vorstellung sind, daß schon die bloße Präsenz von Menschen eine Landschaft degradiert oder schändet. Und diese Ansicht werde durch die Furcht vor Überbevölkerung verstärkt. So spricht der WWF von Menschen, die entlang der Straßen in die Wälder «fluten». Und der amerikanische «Regenwaldexperte» Norman Myers schrieb 1980 in seinem für die US National Academy of Sciences verfaßten Bericht über Westafrika: «Es ist nicht schwierig, sich den Einfluß vorzustellen, den diese riesige Menge von auf Landwirtschaft angewiesenen Menschen auf die verbliebenen Flächen von tropischen Feuchtwald haben wird, wenn deren zerstörende Formen von Landwirtschaft nicht verändert werden können.»

*Die Erkenntnisse von Leach und Fairhead sollen ausdrücklich nicht die tatsächlich stattfindende Abholzung der «echten» Regenwälder Westafrikas verharmlosen. Im Gegenteil: Doch diese Abholzung und Zerstörung der tropischen Küsten- und Regenwälder in den westafrikanischen Ländern geht vornehmlich auf industrielle Ausbeutung (Tropenholzexport, Erdölausbeutung, Kautschukexport usw.) zurück.*

**Länderbeispiel Simbabwe:**

## Entmystifizierung der Rolle der «Armen» bei der Waldzerstörung.

Das Bild eines armen Bauern, der den letzten Baum in einer afrikanischen Trockenregion fällt und damit die Verantwortung für die Umweltzerstörung trägt, ist weit verbreitet. Nichtsdestoweniger basiert dieses Bild mehr auf Propaganda als auf empirischen Beweisen. Einerseits sind verläßliche Daten über die wichtigen Umweltressourcen auf diesem Kontinent spärlich, andererseits zeigten quantitative Studien, zum Beispiel von Wäldern in Westafrika und Kenia, daß die Annahme einer systematischen Naturdegradierung falsch ist, und daß Kleinbauern tatsächlich aktiv ihre Naturressourcen verbessern, indem sie in das Naturkapital «investieren».

Ländliche Haushalte des Südens nutzen Naturressourcen ziemlich umfassend. Ihre Erneuerbarkeit, ihr spontanes Vorkommen und die Tatsache, daß sie oft in gemeinschaftlichem Besitz sind, unterscheidet die Nutzung der natürlichen Ressourcen von anderen wirtschaftlichen Aktivitäten. Weil konventionelle Wirtschaftsanalysen diese gemeinschaftlich genutzten Naturressourcen ignorieren, ist wenig über ihren Wert für die ländlichen Haushalte bekannt. In Simbabwe liegen die ländlichen Haushalte in den Gemeindegebieten, die die ärmsten Böden und Klimaverhältnisse mit nur 650 mm Regen pro Jahr aufweisen. Die einheimische Bevölkerung war von der ehemaligen Kolonialregierung mit Gewalt umgesiedelt worden, und diese Situation hat sich mit der Unabhängigkeit kaum geändert. Außerdem ist ihr finanzielles Einkommen sehr niedrig, so daß sie nach konventionellen Wirtschaftsmaßstäben als arm bezeichnet werden kann. Mitte der neunziger Jahre fand eine Forschungsarbeit von William Cavendish («Empirical Regularities in the Poverty-Environment Relationship of Rural Households: Evidence from Zimbabwe», Februar 2000) in einer typischen, ländlichen Region von Simbabwe – dem Shindi-Bezirk – heraus, daß jede Familie im Schnitt über 35 Prozent ihres Einkommens durch freie Nutzung von Waldprodukten verdient. Etwa drei Viertel des gesamten Einkommens stammt von einer breiten Palette von Naturprodukten. Die Studie zeigt, daß die ärmsten Haushalte am stärksten von Waldprodukten abhängen. In absoluten Zahlen jedoch nutzen die reicheren Haushalte mehr Waldprodukte...

Die Untersuchung zeigt, daß die Vorstellung, daß die Armen für die Degradierung der Wälder verantwortlich seien, nicht nur falsch ist, sondern absurd. Weil die Waldzerstörung das Ende eines «heimlichen», aber substantiellen Einkommens bedeuten würde, das den Unterschied machen kann zwischen leben und sterben.

*Der Wald und die Pygmäen sind untrennbar. Der Wald ist die erste Schule der Pygmäen, und wir könnten sagen, daß das Wissen der Pygmäen im Wald ist und immer dort gewesen ist. Also warum ver-*

Kein Zweifel: Es werden Tropenwälder rund um den Globus abgeholzt. Aber die noch nicht für die Exportwirtschaft, sondern nach traditionellen Methoden Land- und Waldwirtschaft betreibenden Bevölkerungsgruppen dafür verantwortlich zu machen, hieße den Gärtner zum Bock machen. Auch die Erkenntnisse der beiden Briten schließen selbstverständlich nicht aus, daß die tropischen Regenwälder Westafrikas tatsächlich seit Jahren großflächig abgeholzt werden. Nur ist dies nicht die Schuld von traditionell dort lebenden Ureinwohnern, sondern Folge einer vom «Westen» installierten Tropenholz-, Cashcrop- und Rohstoff-Exportindustrie.

Besonders in den Regenwäldern der Elfenbeinküste und – infolge des mit EU-Geldern finanzierten Straßenbaus – neuerdings auch in Kamerun schreitet die Abholzung voran. Aber auch diese nun «sterbenden» Feuchtwaldgebiete Kameruns sind keine «Wildnisse», sondern Lebens- und Kulturräume von Pygmäenvölkern, die in diesen Gebieten seit Jahrtausenden heimisch sind und diese mitgeprägt haben. Doch wie lange noch? Haben die Pygmäen die Europäische Union um eine Straße durch ihren Wald gebeten? Haben die Pygmäen Kameruns die Weltbank und Ölkonzerne gebeten, eine Ölpipeline quer durch ihre Heimat zu verlegen, um die Erdölvorräte des Tschad abzupumpen?

Der immer wiederkehrende Fehler, den europäisch geprägte Biologen, Geographen oder Forstwissenschaftler begehen, nämlich fremde Wälder per se als Wildnis zu sehen, hat im übrigen einen tieferen Ursprung. Dichte Wälder waren schon im 16. Jahrhundert und früher in der deutschen Sprache gleichbedeutend mit Wildnis. Gleiches gilt für das Englische.

«Die Briten des 16. und 17. Jahrhunderts sahen Wälder als Synonym für Wildnis und Gefahr, so wie das Wort Savage (Wild) von Silva, lateinisch für Wald, kommt... Der Wald war Heimat für Tiere und nicht für Menschen», schreibt William Burch im Buch *Gods of the Forest – Myth and Ritual in Community Forestry*. Diese

*weigert man ihnen dann den Wald, wenn er alles enthält, was sie zum Leben brauchen?»*
*Ein Bakola-Pygmäe aus Kamerun.*

*«Schon Kolb (1961) nannte Wanderfeldbau den Krebsschaden aller Tropenländer, und für die FAO (1982) steht shifting cultivation als Hauptschuldiger an der gegenwärtigen Regenwaldzerstörung fest. Im folgenden wird versucht, dieses Negativ-Image zu korrigieren. Demnach ist nicht der Wanderfeldbau der Hauptzerstörer der Tropenwälder, sondern eindeutig die sich rasch ausbreitende moderne Agrarkolonisation, mit der der Wanderfeldbau allerdings häufig verwechselt wird.»*
*Thorsten Brauns und Ulrich Scholz, Geographische Rundschau 1997*

*«Gänzlich wilder Naturwald ist ein nicht zu fassendes Konzept. In Britannien hatte er während einer relativ kurzen Periode im Mesolithicum Bestand. Wer weiß, wie er sich während der letzten 6.500 Jahre verändert hätte, wäre er verschont worden? Zur Zeit Kolumbus' gab es nicht viele Wälder auf der Erde, außer auf unbewohnten Inseln, die nicht von Menschen verändert wurden. Die Obsession von einigen Naturschützern mit unberührtem Naturwald wurde beständig durch archäologische Forschung erschüttert...»*
*Oliver Rackham, Corpus Christi College, Cambridge, 1996*

*«Die Menschen einer bestimmten Region sind in Wirklichkeit Teil dieser Region, und wenn diese zerstört wird, werden auch sie zerstört. Während meiner Reisen durch Australien habe ich viele Aborigines aus anderen Teilen des Landes getroffen, die ihre Kultur verloren hatten. Sie haben immer zunächst ihr Land verloren, und durch den Verlust ihres Landes haben sie einen Teil ihrer selbst verloren.»*
*Silas Roberts, australischer Ureinwohner, in: Lebenslieder Todesklagen – Lesebuch vergessener Völker. Wuppertal 1988.*

*«Ich, Indio Aché, klage die bekleideten Menschen an: Weil sie nur mit beschriebenem Papier das Land gestohlen haben, das unser Lebensraum ist; weil sie mit ihren Gewehren die Tiere des Waldes ausgerottet haben, von denen wir gelebt haben; weil sie auf unser Land Tiere gebracht haben, die sie Kühe nennen. Die bekleideten Menschen sagen, diese Tiere gehörten nur ihnen, während Tapire, Coaties und Wildschweine nicht nur unsere seien...»*
*Klage der Aché-Indianer in Paraguay über den Landraub und die Zerstörung ihrer Kultur durch die «Weißen» unter General Alfredo Stroessner. In: Lebenslieder Todesklagen – Lesebuch vergessener Völker. Wuppertal 1988.*

britische Auffassung vergangener Jahrhunderte, wonach Menschen nicht im Wald leben oder gar ihn gestalten können, vertritt noch heute offen das Royal Forestry Department (RFD) von Thailand. «Menschen können nicht im Wald leben, weil menschliche Lebewesen keine Tiere sind. Anders als wir können sich Tiere an die Wildnis oder an irgendeine Umwelt natürlich anpassen», sagte 1999 der Direktor des Königlichen Forstministeriums von Thailand, Plodprasop Suraswadi, und begründete damit die Umsiedlung von etwa 700 Familien vom Volk der Karen aus ihrem heimatlichen Wald. Statt den Karen als Lebensraum soll der «Urwald» künftig Urlaubern als Abenteuerspielplatz dienen.

Ethnobiologen wie Darrell Addison Posey oder der Niederländer Jan Slikkerveer sehen eine große Gefahr, wenn weiterhin die gestalterischen Fähigkeiten indigener Völker negiert und ihr Lebensraum als «Wildnis» bezeichnet wird. Posey: «Es ist mehr als nur Semantik: Wild und Wildnis bedeuten, daß diese Landschaften und Ressourcen das Ergebnis von Natur sind und als solche keinen Besitzer haben – sie sind das gemeinsame Erbe der ganzen Menschheit. Dies bedeutet, daß lokale Gemeinschaften keine Besitz- oder Eigentumsrechte haben und daß ihre Ländereien, ihre Territorien und Ressourcen anderen frei zur Verfügung stehen. Aus diesem Grund sind indigene Völker gegen die Verwendung der Wörter Wildnis und Wild für Regionen, in denen sie jetzt leben und einst lebten.» Als Ethnobiologe, der bereits in den achtziger Jahren den Lebensraum der Kayapó gegen den Bau von Staudämmen verteidigte und gleichzeitig für eine gerechte Beteiligung der indigenen Völker an den mit tropischen Pflanzen erzielten Milliarden-Gewinnen der Pharmaindustrie eintritt, weiß Posey, wovon er spricht. Wer die Heimat einheimi-

## Das Geheimnis der Apéte.

Westliche Wissenschaftler hielten die «Waldinseln» in den Savannen Südostamazoniens bis vor kurzem für natürlichen Ursprungs.
Doch dieser Eindruck war falsch. Diese sogenannten Apété sind ein Produkt der Kayapó-Indianer. Apété entstehen durch ein ausgeklügeltes Gestaltungssystem, das Generationen übergreifend ist und mit einem Termitenhügel anfangen kann. Spezielle Experten der Kayapó, die sich mit Bodenkunde auskennen, füllen eine kleine natürliche Senke mit der fruchtbaren Erde eines Termitenhügels und geben Teile spezieller Ameisennester hinzu. Dazu werden Laub, Saatgut und Setzlinge von nützlichen, schnell wachsenden Baumarten aus anderen Waldinseln herangeschafft. Mit den Jahren entsteht ein schattenspendendes kleines Wäldchen, in das die Kayapó immer weitere nützliche Pflanzenarten einbringen. Schließlich entwickelt sich eine Waldinsel, die sich kaum von einem Stück «natürlichen» Regenwaldes unterscheidet. Doch was ist schon «natürlich» in Amazonien? Kommende Generationen arbeiten weiter an diesen Apété, sind sie doch wichtiger Bestandteil ihrer Kultur und ihrer «Landwirtschaft». Alte Apété dienen als schattiger Rastplatz inmitten der heißen Campos und Cerrados, dienen als Lieferanten von Früchten und Medizinpflanzen, bieten durch spezielle Lianenarten frisches Trinkwasser und locken Jagdwild wie zum Beispiel Tapire oder Hirsche an.

scher Völker als Wildnis bezeichnet, öffnet der Enteignung ihrer Gebiete und Ressourcen und der internationalen Biopiraterie Tür und Tor.

### Nachbemerkung

Die Fehleinschätzungen der orthodoxen Wissenschaft betreffen nicht nur die tropischen Wälder. Besonders die traditionellen Nomadenvölker Afrikas müssen seit Jahren unter falschen Anschuldigungen der Forschung leiden. In der Geographischen Rundschau berichtete im Mai 1999 Hans-Jürgen Sturm: «Der Weidewirtschaft wird seit geraumer Zeit vorgeworfen, die natürlichen Ressourcen in Afrika zu zerstören. Kein Artikel, der nicht über die verheerenden Auswirkungen von Überbesatz und resultierender Überweidung berichtet. Neuere Ergebnisse der weideökologischen Forschung belegen allerdings eine Vielzahl von Fehleinschätzungen und fordern zum Um-

***Zum Nach- und Weiterlesen***

*Alfred-Töpfer-Akademie für Naturschutz: Forests in Focus – Biodiversity – Treasures in the World's Forests. Schneverdingen, 1999.*

*Bernardino, Francisco Ritta: Amazon Emotions. Manaus: Photoamazonica Editora, 1998.*

*Brauns, Thorsten und Scholz, Ulrich: «Shifting Cultivation - Krebsschaden aller Tropenländer?» In: Geographische Rundschau 49 (1997), Heft 1.*

*Edwards, Rob, «The Price of Arrogance», in: New Scientist, 17. Oktober 1998*

*Ludwig, Klemens, «Lebenslieder Todesklagen – Lesebuch vergessener Völker» Wuppertal: Peter Hammer Verlag, 1988.*
*Projektgruppe Ökologie und Entwicklung: Amazonien – Eine Indianische Kulturlandschaft. Gesamthochschule Kassel, Kassel 1988*

denken auf.» Teile Westafrikas und die Sahelzone seien eben nicht – wie oft von Wissenschaftlern behauptet – durch die traditionelle Weidewirtschaft ökologisch degradiert worden. Mit der Verunglimpfung traditioneller Weidewirtschaft machte sich die Forschung zum Diener von Kolonialregierungen und der nachfolgenden künstlichen Nationalstaaten, denen grenzüberschreitende Nomandenvölker seit jeher suspekt und deshalb aus den «Wildnissen» zu vertreiben und seßhaft zu machen sind.

*«Indianer in Brasilien vor 11.000 Jahren» In: Naturwissenschaftliche Rundschau, Heft 3/1997.*

*Posey, D., A.: «Kayapó – Ökologen im Regenwald» In: Kosmos, Heft 7, Juli 1992.*

*Posey, D., A.: «Cultural and Spiritual Values of Biodiversity: Valuing the Knowledge of Indigenous and Traditional Peoples», in: Alfred Töpfer Akademie für Naturschutz, «Forests in Focus – Biodiversity – Treasures in the World's Forests», Berichte, Sonderheft 2, Schnevedingen 1999*

*Reichholf, Josef: «Der unersetzbare Dschungel» München: BLV, 1990.*
*Selincourt, Kate de: «Demon Farmers and other Myths» In: New Scientist, 27. April 1996.*

*Slikkerveer, L. Jan, «Traditional Ecological Knowledge: Peoples Forests and Plants», in: Alfred Töpfer Akademie für Naturschutz, «Forests in Focus – Biodiversity – Treasures in the World's Forests», Berichte, Sonderheft 2, Schnevedingen 1999*

*Sturm, Hans Jürgen, «Weidewirtschaft in Westafrika», in: Geographische Rundschau, Heft 5, Mai 1999*

*Tabapssi F. Timothee: «The Bakola Pygmies: subjected to integration and industrial forestry exploitation», In: Indigenous Affairs, No.4, Oct-Dez. 1996.*

*Wilford, John Noble, «Along the Amazon, an Advanced Society Before Columbus», New York Times, 14. Nov. 2000*

# Wildnis und Biopiraterie

## «Wilde» Ressourcen für Jedermann?

«Es ist mehr als Wortbedeutungslehre», sagt der Ethnobiologe Darrell Addison Posey: «Wild und Wildnis bedeuten, daß diese Landschaften und Ressourcen das Ergebnis von Natur sind und als solche keine Besitzer haben, sie sind gemeinsames Erbe der Menschheit.» Folglich haben die in den vermeintlichen Wildnissen lebenden Ureinwohner keine Land- oder Eigentumsrechte – ihre Ressourcen stehen anderen frei zur Verfügung. «Das ist der Grund», so Posey, «weshalb indigene Völker den Gebrauch der Wörter Wildnis und wild in Bezug auf ihre Regionen, in denen sie heute oder einst lebten, ablehnen.»

Fast jedem ist bekannt, daß während der Kolonisierung Amerikas immense Gold- und Silberschätze nach Europa geschafft wurden. Doch daneben war die Eroberung der «Neuen Welt» ein organisierter, massenhafter Diebstahl genetischer Ressourcen. «In einem Ausmaß, das man bisher immer unterschätzt hat, ist die Geschichte des Kolonialismus eine Geschichte des Kampfes um die Aneignung und Monopolisierung botanischer Naturschätze gewesen», schreiben die beiden Träger des Alternativen Nobelpreises Pat Money und Cary Fowler in ihrem Buch «Die Saat des Hungers». Heute aus Mitteleuropa kaum noch wegzudenkende Nahrungspflanzen wie Mais, Kartoffeln, Sonnenblumen oder Tomaten, die allesamt ihren Ursprung in den Feldern, Gärten und Wäldern der Ureinwohner der «Neuen Welt» haben, gelangten

*«Wo auch immer der Garten Eden einst gewesen sein mag, das Füllhorn dieser Erde, das Maximum an genetischer Vielfalt, ist ohne Zweifel in den tropischen Breiten zu finden.»*
*Pat Mooney und Cary Fowler*

*«Das Sammeln von Samen und Pflanzen ist während des größten Teils der schriftlich überlieferten Geschichte ein Bestandteil aller militärischen Expeditionen gewesen.»*
*Pat Mooney und Cary Fowler*

*Die Einheimischen Lateinamerikas nutzen und fördern seit Jahrtausenden die biologische Vielfalt ihrer Regionen. Noch heute werden dort Dutzende von Maisarten angebaut und weiterentwickelt – Fundgrube für Saatgutsammler der internationalen Saatgutindustrie. Denn die westliche industrialisierte Landwirtschaft ist vom ständigen Zufluß frischer «wilder» Gene aus den «Wildnissen» der sogenannten Dritten Welt abhängig.*
*Foto: N. Suchanek*

*«In der Vergangenheit wurde das indigene Wissen über medizinische Wirkungen von Pflanzen von Forschern eher als zu entdeckender Rohstoff betrachtet, denn als Teil eines komplexen Systems von Gesundheitsvorsorge der indigenen Kultur. Als Folge davon wurde das indigene Wissen meist nicht gewürdigt und sein kommerzieller Wert nicht entschädigt.»*
*Julian Burger, UN-Sekretär der Arbeitsgruppe für Indigene Bevölkerungen (Working Group on Indigenous Populations)*

so in unsere Breiten. Gleiches läßt sich von vielen Arzneipflanzen sagen, die teilweise bis heute westlichen Pharmakonzernen die Kassen füllen. Eine der ersten indianischen Heilpflanzen, die ihren Weg Anfang des 16. Jahrhunderts nach Europa fanden, war das Guajak-Holz *(Lignum Guajaci)*. Es half zwar eher schlecht als recht bei der damals aus Amerika eingeschleppten und sich in Europa schnell ausbreitenden Syphilis. Die berühmte Augsburger Handelsfamilie Fugger verdiente sich aber trotzdem mit der Vermarktung des südamerikanischen Guajak-Holzes eine goldene Nase. Bekannter und wirksamer als die Arznei gegen Syphilis ist jedoch ein anderes, aus dem südamerikanischen Regenwald stammendes Medikament: Chinin, auch Chinarinde genannt. Die Malaria war seit alters her eine der schlimmsten Plagen Europas: Es gab sie in den Sümpfen vor den Toren Roms genauso wie im Spessart, in Sankt Petersburg genauso wie in Teilen Finnlands. Deshalb fand das erste wirksame Anti-Malariamittel, Chinarinde, im 17. Jahrhundert einen reißenden Absatz in Europa, der vor allem die Taschen der Jesuiten füllte. Denn die frommen Padres waren es, die den Export der Chinarinde von den Osthängen der Anden nach Europa organisierten, weshalb das Anti-Malaria-Medikament auch lange Zeit Jesuitenrinde hieß. Während Fugger, Jesuiten und Co. sich an der Vermarktung der nützlichen Pflanzen der «Neuen Welt» bereicherten, gingen Amerikas indigene Völker praktisch leer aus.

Die europäischen Eroberer bedienten sich der Pflanzenressourcen der «Wilden» in Amerika, Asien, Afrika oder Australien, wie es ihnen beliebte. Was «wild» ist, ist «herrenlos» und wird folglich niemandem genommen, schon gar nicht den «Wilden». Diese Praxis wird bis heute konsequent weitergeführt, wie im Fall der berühmten Pille. Laut Weltgesundheitsorganisation (WHO) kennen indigene Völker weltweit etwa 3.000 Pflanzenarten, die zur Geburtenkontrolle eingesetzt werden können. Eine dieser Pflanzen ist die Yamswurzel. So war es kein Zufall, daß der amerikanische Chemiker Russell Marker in den dreißiger Jahren aus den im mexikanischen Regenwald wachsenden Dioscorea- oder Yamswurzelarten den Wirkstoff *Diosgenin* isolierte. Diosgenin wurde schließlich der Grundstoff der Anti-Baby-Pille, die seit den sechziger Jahren bis heute den Pharmaunternehmen längst Hunderte von Millionen Dollar eingebracht hat. Die Kassen der indigenen Völker Mexikos klingelten allerdings nicht.

*«Basmati ist eine der besten Reissorten, die man kaufen kann, und von besonderem Geschmack. Aber Basmati, eine asiatische Pflanze, ist bedroht. Eine in Texas ansässige Firma, Rice Tec Inc., besitzt nun ein Patent auf Basmati-Reis in den USA – ihr Basmati stammt von Pflanzen, die Bauern aus Indien und Pakistan in Generationen harter Arbeit entwickelt haben.»*
*Aus einer Anzeige von Actionaid, Juli 2000*

Zwar gibt es mit «Bio-Piraterie» inzwischen einen Namen für den Diebstahl genetischer Ressourcen, doch der «kostenlose» Transfer von wertvollem Pflanzenmaterial und Samen von Süd nach Nord hält bis heute an. Denn es ist ein Milliarden-Dollar-Geschäft, in dem naive oder rücksichtslose Forscher – Botaniker, Pharmazeuten wie Ethnobiologen – eine Schlüsselrolle spielen. «Fortwährend erklären sie», so der Kritiker Posey, «nützliche einheimische Pflanzen als wild und unversehrte Wälder und andere Ökosysteme als Wildnis, oft obwohl sie wissen, daß sie seit Jahrtausenden von menschlichen Bevölkerungen verändert, genutzt und geschützt wurden». Die Biodiversität eines Untersuchungsgebiets werde als «natürlich» erklärt und damit der öffentlichen Hand übergeben. Posey: «Einmal öffentlich, verlieren die indigenen Gemeinschaften aber alle ihre Rechte an ihren traditionellen Ressourcen.» Die Gewinne stecken die Forscher und Unternehmen ein, die sich diese «wild» gemachten Pflanzen patentieren lassen oder sie international vermarkten. In zunehmenden Maße suchen die

*«Trotz unglaublicher Fortschritte in Genetik und Pflanzenzucht hat der moderne Mensch nur wenige – manche Wissenschaftler würden sagen: gar keine – der bedeutenden Nahrungspflanzen kultiviert. Was wir heute essen, verdanken wir weitgehend unseren namenlosen Vorfahren und einem Prozeß, der in der Jungsteinzeit, lange bevor es schriftliche Zeugnisse gab, begonnen hat. Es ist ein Prozeß, an dem auch heute noch viele ungenannte Naturvölker mitwirken – der lange Prozeß der Kultivierung von Pflanzen.»*
*Pat Mooney und Cary Fowler*

*«Europa: Vor fünf Jahren hat die IFOAM (International Federation of Organic Agriculture Movements) gemeinsam mit Vandana Shiva aus Indien und den Grünen im Europäischen Parlament Widerspruch gegen ein Patent eingelegt, das vom Europäischen Patentamt (EPO), dem US-Landwirtschaftsministerium und der Firma W.R.Grace für ein Fungizid (Pilzgift für den Pflanzenschutz) gewährt worden war, das aus Samen des Neembaumes gewonnen wird. Dieses Patent wurde am 10. Mai 2000 nach einer Anhörung von der Oppositionsabteilung des EPO zurückgezogen. Dieser Sieg könnte der Wendepunkt im Kampf gegen Bio-Piraterie sein.» Stiftung Ökologie und Landbau 3/2000*

sogenannten Bioprospektoren die Gebiete indigener Völker teilweise mit Hilfe deren traditioneller Kenntnisse nach kommerziell verwertbaren Pflanzenarten oder Varietäten ab. «Es ist ein Goldfieber – wie früher, als die Leute in den Yukon gingen, um nach Gold zu suchen», sagt Helena Paul von der in London ansässigen Gaia Foundation. Die indische Umweltschützerin Vandana Shiva schätzt, daß sich Forscher und internationale Pharmaunternehmen allein in Indien wenigstens 22 Pflanzen, die ursprünglich traditionell als Heilmittel eingesetzt wurden, patentiert haben. Der Markt ist immens: Anfang der neunziger Jahre schätzten Wissenschaftler den Wert der allein in den USA jährlich verkauften und aus Regenwaldpflanzen gewonnenen Medikamente auf 6 bis über 15 Milliarden Dollar.

Bei der modernen Bio-Piraterie geht es aber nicht nur um Medizinpflanzen. Gefragt ist das genetische Material sämtlicher Nutzpflanzen, vom Kakao bis zum Weizen. Europa und Nordamerika sind im Vergleich zu den tropischen Regionen unseres Planeten, in denen gleichzeitig auch die meisten indigenen Völker leben, extrem arm an Pflanzen- und Tierarten. So findet sich die genetische Heimat der dreißig wichtigsten Nahrungspflanzen, die zusammengenommen 95 Prozent des Nahrungsbedarfs der Menschheit decken, ausnahmslos in Asien, Afrika und Lateinamerika. Seit Jahrzehnten ist die moderne Pflanzenforschung, sind Saatgutindustrie und industrielle Landwirtschaft des Nordens auf den ständig Zufluß von «frischen» Pflanzengenen aus dem Süden angewiesen. Nur durch ständig – mittels im Süden gesammelter Gene von «Wildsorten» oder «Landsorten» – weiterentwickelte Pflanzensorten ist die auf Monokulturen ausgerichtete Landwirtschaft aufrechtzuerhalten. Beispiel Kartoffel: Die Ende 1570 und 1590 nach Europa gelangte Knollenfrucht war bis zum 19. Jahrhundert zu einer der wichtigsten großflächig angebauten Ackerfrüchte Mitteleuropas geworden. Mitte des 19. Jahrhunderts suchte die sogenannte Knollenfäule Irland heim. Fünf Jahre lang verfaulten dort die Ernten auf den Feldern. Die in Monokultur angebauten Kartoffeln Irlands hatten eine geringe genetische Vielfalt und keine Widerstandskraft gegen die nun plötzlich aufgetauchte Algenpilzart, die die Fäule auslöste. Nur dank anderer aus Lateinamerika importierter Kartoffelsorten, denen der Algenpilz nichts anhaben konnte, war schließlich der Kartoffelanbau in Irland und im restlichen Europa weiter möglich.

So wie im Fall der Knollenfrucht aus den Anden, ist die Landwirtschaft des Nordens auf ständige Zufuhr von «neuem» Saatgut fast aller wichtigen Nutzplanzen angewiesen. Und diese genetische Abhängigkeit des Nordens vom Süden nimmt seit Jahren rapide zu. «Durch den Verlust genetischer Variabilität hat in den vergangenen Jahren bei Weizen, Tomate und anderen Kulturpflanzenarten die Anfälligkeit gegenüber Krankheiten, Schädligen und Umweltstreß erheblich zugenommen», schreibt beispielsweise der Pflanzenforscher Friedrich J. Zeller 1998 in «Biologie in unserer Zeit». Deshalb müßten «vor allem ständig neue Resistenzen gegen Krankheiten und Schädlinge (in wilden oder verwandten Arten der landwirtschaftlichen und gärtnerischen Nutzpflanzen) gefunden werden, um dem Infektionsdruck der Krankheitserreger zu widerstehen.» Aber auch Gene für Toleranz gegenüber Streßfaktoren wie Kälte, Dürre, Salz oder Aluminium seien in den «Wildarten» vorhanden und für die moderne Pflanzenzüchtung interessant.

Zum Beispiel die Tomate: Die Azteken nannten sie Tomatl. Die Österreicher nen-

*Biologische Vielfalt bei Tomaten: Zahlreiche Nutzpflanzen der Industrieländer stammen aus Lateinamerika.*
*Foto: N. Suchanek*

*Artikel 40 aus der Charter der indigenen Waldvölker, die 1992 von 30 Völkern aus allen Kontinenten beschlossen wurde:*
*«Projekte zur Erforschung der Biodiversität müssen die kollektiven Rechte unserer Völker auf ihr kulturelles und geistiges Eigentum respektieren und müssen die kollektiven Rechte auf ihre genetischen Ressourcen, Genbanken, ihre Biotechnologie und ihr Wissen über die biologische Vielfalt respektieren. Dies beinhaltet die Teilnahme der indigenen Völker im Management solcher Biodiversitätsprogramme in ihren Territorien, genauso wie die Kontrolle über alle Gewinne, die durch diese Projekte erzielt werden.»*

nen sie «Paradiesäpfel» oder «Paradeiser». Die Spanier brachten sie wahrscheinlich im 17. Jahrhundert nach Europa, wo sie aber erst Ende des 18. Jahrunderts zu ihrem Siegeszug ansetzte. Heute ist sie eine der wichtigsten gärtnerischen Kulturpflanzen Europas. Die EU allein produziert jährlich 13 Millionen Tonnen Tomaten. Selbstverständlich wurden die Völker Südamerikas, denen wir diese Pflanzen zu verdanken haben, zu Kolonialzeiten nicht an der Vermarktung der «Paradiesäpfel» beteiligt. Und dies ist praktisch heute noch so, obwohl auch die moderne Gärtnerei auf frische Gene aus südamerikanischen «Wildtomaten» angewiesen ist. Zeller: «Ohne die ständige Nutzung des genetischen Reservoirs der Wildtomaten wäre eine moderne Tomatenzüchtung heute nicht mehr denkbar.»

*«(Unsere) nationalen Interessen hängen davon ab, daß uns der Zugang zum Keimplasma der Welt erhalten bleibt.»*
*US-amerikanischer Saatgut-Handelsverband.*

500 Millionen US-Dollar jährlich, so hoch schätzte Anfang der 1980er Jahre die in Paris ansässige Organisation für Wirtschaftliche Zusammenarbeit und Entwicklung (OECD) den Wert der aus dem Süden kommenden Weizengene für die US-amerikanische Landwirtschaft. Ein einziges brauchbares Pflanzen-Gen aus der Dritten Welt könne, so zeigen es Berechnungen, der US-amerikanischen Saatgutindustrie, der Landwirtschaft bis zu einer Milliarde Dollar einbringen.

*«Ende der achtziger Jahre hat sich der Kampf um die Kontrolle des Zuchtmaterials – das Saatgut und die in ihm enthaltenen Gene – in ökonomischer und politischer Hinsicht verschärft. Sowohl Nationen als auch Unternehmen konkurrieren jetzt um Zugang zum Keimplasma der Welt und zu dessen Nutzung.»*
*Pat Mooney und Cary Fowler*

Um die Gewinne mit möglichst wenigen zu teilen, sind die Saatgutunternehmen der Industriestaaten darauf aus, das Pflanzenmaterial kostenlos zur Verfügung zu bekommen. Während der Kolonialzeit war dies auch kein Problem. Doch infolge der Entkolonialisierung begehrten die neuen Staaten des Südens zunehmend auf. Dennoch kam es in den 1980er Jahren zu einer für die «Dritte Welt» wenig vorteilhaften Regelung. In einem Abkommen mit der Welternährungs- und Landwirtschaftsorganisation (FAO) – der International Underta-

*Die wichtigsten aus Amerika stammenden Nutzpflanzen: Mais, Bohnen, Kartoffeln, Maniok, Batate, Kürbisse, Tomaten, Ananas, Papaya, Avocado, Guave, Kakao, Tabak, Paprikas, Vanille, Baumwolle, Faser-Agaven, Gummibaum (Kautschuk), Sonnenblumen, Erdnüsse*

*Ein Schamane, der eine Wissenschaftszeitung liest, ist nichts Ungewöhnliches mehr. Ungewöhnlich ist es allerdings immer noch für Wissenschaftler, die Kenntnisse der Schamanen als wissenschaftlich anzuerkennen. Und praktisch unmöglich ist es – aufgrund der bestehenden Patentgesetze und hohen Patentgebühren – für den Schamanen, sein Wissen rechtlich vor Ausbeutung schützen zu lassen.*
*Foto: D. A. Posey*

king on Plant Genetic Resources – wurde das Keimplasma, also die pflanzlichen genetischen Ressourcen, zum «gemeinsamen Erbe» der Menschheit erklärt, während gleichzeitig die Industriestaaten des Nordens Gesetze über Patentierung von Saatgut verabschiedeten und Unternehmen berieten, um dieses gemeinsame Erbe im eigenen Land zu monopolisieren. Daraus folgte für die industriellen Saatgutunternehmen – sie sind längst zum überwiegenden Teil von Öl-, Chemie- und Pharmakonzernen aufgekauft – die weiterhin kostenlose Versorgung mit neuem Genmaterial und die sprichwörtliche «Lizenz zum Drucken von Geldscheinen». Oder anders ausge-

*«Historisch gesehen wurden die geistigen Eigentumsrechte (Intellectual Property Rights – Urheberrechte) als ein westliches Konzept entwickelt, um individuelle technologische und industrielle Inovationen zu schützen, und deshalb sind sie kaum geeignet, um die kollektiven indigenen Kulturen zu schützen.»*
*Michael Simons: Aboriginal Heritage Art and Moral Rights. University of New South Wales, Australien*

## Biopiraten mit Doktortitel

Ende der 1990er Jahre klagte die Regierung von Thailand die britische Universität von Portsmouth der sogenannten Biopiraterie an. Forscher der Universität hatten zwischen 1993 und 1996 mehrere Pilze in Thailand gesammelt und ohne Erlaubnis der thailändischen Behörden nach England geschafft und untersucht. Dies verstößt gegen die Regeln der 1992 in Rio de Janeiro verabschiedeten Biodiversitätskonvention, die inzwischen von 171 Staaten und der Europäischen Union unterschrieben wurde. Weil die Pilze sehr wahrscheinlich wertvolle Wirkstoffe gegen Krebs beinhalten, fürchtet die Thailändische Regierung, wieder einmal «leer» auszugehen. Die Universität weigerte sich aber weiterhin, die Vermarktungsrechte an den Pilzen an Thailand zurückzugeben, und beruft sich ebenfalls auf die Biodiversitätskonvention: «Die Pilze unserer Sammlung wurden von unserem Universitätspersonal an zahlreichen Orten rund um die Welt auch in Thailand gesammelt. Deshalb gehören die legalen Besitzrechte daran der Universität», rechtfertigte sich der Universitätsdirektor in der Presse.

*«Die CBD beinhaltet eine weitere Gefahr, denn sie – zusammen mit der westlichen Wissenschaft – reduziert die Gesamtheit der Natur in «Teile der Biodiversität». Und dies bringt diejenigen, die nach neuen medizinischen Wirkstoffen suchen, in den Konflikt mit den Werten und Traditionen von indigenen und traditionellen, einheimischen Gemeinschaften.»*
*Darrell Posey, Direktor der Working Group on Traditional Resource Rights, University of Oxford.*

drückt: Auf der einen Seite müssen die Länder des Südens weiterhin ihre «wilden» Gen-Ressourcen herschenken, während sie das daraus in den nördlichen Forschungsinstituten und Saatgutfirmen hergestellte Saatgut im Gegenzug teuer bezahlen müssen. Erst die 1992 von über 150 Staaten unterzeichnete UN-Konvention über die Biologische Vielfalt (KBV) erkennt zumindest die nationale Souveränität eines Staates über die genetischen Ressourcen auf seinem Territorium an. Das Abkommen, das – fast überflüssig zu erwähnen – von den USA noch nicht anerkannt wird, könnte zwar in seiner bisherigen Fassung die Position der südlichen Länder und ihrer traditionellen, indigenen Völker stärken, sieht doch die KBV eine Teilhabe einheimischer Gemeinschaften an möglichen Gewinnen aus der Nutzung genetischer Ressourcen ihrer Gebiete vor. Die Umsetzung und Kontrolle der KBV – im Englischen CBD (Convention on Biological Diversity) – bildet aber ein Problem. Außerdem schwächen nationale Patentrechte und Abkommen im Rahmen der Welthandelsorganisation (WTO) die UN-Konvention zur Biologischen Vielfalt.

Während die KBV, so die Diplom-Agraringenieurin Ursula Gröhn-Wittern, die kollektiven Rechte indigener Gemeinschaften und lokaler Gruppen stärke, versuchten die in der WTO festgelegten «sogenannten handelsbezogenen Aspekte der Rechte des geistigen Eigentums» (TRIPS – Trade-Related Intellecutal Property Rights) das Gegenteil. So besteht weiterhin die Gefahr, daß die Ureinwohner beim «Run» auf die Gene auch in Zukunft leer ausgehen werden. Außerdem: «Bio-Piraten», so das amerikanische TIME-Magazine, «sind bekannterweise schwer zu fangen; sie müssen nicht Tonnen einer Medizinpflanze aus einem Land schmuggeln. Nur eine kleine Pflanzenprobe reicht, so daß daraus der genetische Code der DNS im Labor kopiert werden kann.»

## Kritische Stimmen zu Biopiraterie

«Die wissenschaftlichen, rechtlichen und ethischen Aspekte des Erbes indigener Völker zählen zu den wichtigsten Streitfragen unserer Zeit. Für die meisten Menschen ist die Verwendung traditioneller Medizin aus der Natur die Norm. Gegenwärtige kapitalistische Modelle des Urheberrechts (IPR) und Biotechnologie sind jedoch ernsthafte Bedrohungen der bis heute lebendigen indigenen Gesundheitssysteme.»

Joji Carino, Executive Secretary der Alliance of the Indigenous Tribal Peoples of the Tropical Forest, London

«Die Convention on Biological Diversity (Biodiversitätskonvention) weist auf die Wichtigkeit der Patente in der Ausbeutung von biologischem Material, besonders in der Medizin und der Biotechnik (Gen-Tech-

*Zum Nach- und Weiterlesen*


*Hein, W. H.: Drugs of the Americas in the Old and New World. Stuttgart: Internationale Gesellschaft für Geschichte der Pharmazie, 1984.*

*Hobhouse, H.: Fünf Pflanzen verändern die Welt. Stuttgart: Klett, 1987.*

*Knudtson, P. und Suzuki, D.: Wisdom of the Elders. Toronto, 1992.*

*Lawson, Mark: «Australian state wants claim to native plants». In: Nature, Vol 363, Juni 1993.*

*McGirk, Tim: «Dealing in DNA». In: Time, 30. November 1998.*

*Mooney, Pat und Fowler, Cary: Die Saat des Hungers. Hamburg: rororo Aktuell, 1991.*

*Posey, D. A.: «Traditional Knowledge, Conservation and the Rainforest Harvest». Director, Musea Paraense Emilio Goeldi, Belém, Brazil, 1991 (unveröffentlicht).*

*Posey, Darrell Addison and Dutfield, G.: Plants, Patents and Traditional Knowledge: Ethical Concerns on Indigenous and Traditional Peoples. 1998.*

*Posey, Darrell Addison: Cultural and Spiritual Values of Biodiversity. Nairobi, Kenia: UNEP, 1998.*

*Rätsch, C.: Indianische Heilkräuter. Köln: Diederichs, 1987.*

*Suchanek, Norbert: «Ressourcen-Poker». In: Abenteuer Natur, 5/1995.*

*Suchanek, Norbert: «Alternativen zur Abholzung – Sanfte Regenwaldnutzung kann größere Gewinne erzielen». In: Dossier 43 der Pazifik-Informationsstelle, 1995 (Bezugsadresse: Pazifik-Informationsstelle, Postfach 68, Hauptstr. 2, D-91561 Neuendettelsau).*


nik), hin. Die CBD verhält sich neutral zum konventionellen Patentgesetz, aber die Nutzer biologischen Materials müssen nun sicherstellen, daß das Material rechtmäßig aus seinem Ursprungland erworben wurde. Wer dies nicht beachtet, setzt den Wert oder die Gültigkeit des Patents aufs Spiel.»

Frank Huskinsson, Patentanwalt und Mitglied der Royal Society of Chemistry

«Ein wesentliches Kennzeichen internationaler Biodiversitätspolitik ist, daß keineswegs klar ist, was unter Schutz und nachhaltiger Nutzung der biologischen Vielfalt eigentlich genau zu verstehen ist. Denn die Schutz- und Nutzinteressen sind durchaus widersprüchlich... Indigene Völker haben oft diametral entgegengesetzte Vorstellungen, wie mit biologischer Vielfalt umzugehen sei, als ihre Regierungen.»

Ulrich Brand, Mitarbeiter eines Forschungsprojekts der Universität Frankfurt zu internationaler Biodiversitätspolitik, ILA, April 2000

## Aktuelle Beispiele zur globalen Dimension des «Gen-Diebstahls»

«Malaysia: Bauern gegen Gentechnik – Zum Abschluß des internationalen Marsches für Biologische Vielfalt haben 1.000 Bauern in Chiang Mai, unterstützt von Delegationen aus Malaysia, Kambodscha, Laos, Burma, Indonesien und von den Philippinen, gegen den Handel mit und die Forschung zu gentechnisch veränderten Organismen demonstriert. Sie forderten die USA auf, ihren Druck auf asiatische Regierungen, Gentechnik zu unterstützen, einzustellen. Ebenso wandten sie sich gegen das System des geistigen Eigentums, das lokales Wissen und biologische Ressourcen zu Patenten und damit zu Privateigentum erklärt.» The Nation, 17. September 2000

«Peru: Die peruanische Regierung plant ein Gesetz, um die Rechte an ihrem überlieferten Wissen zu schützen. Peru ist eines der Länder mit der größten Biodiversität in der Welt und muß damit anfangen, die daraus entstehenden Chancen zu nutzen, aber, so Jorge Caillaux, Präsident der peruanischen Umweltgesetz-Gesellschaft, es muß seine natürlichen Ressourcen so wie die Rechte seiner Bevölkerung schützen.»

Non-Wood News, No.7, March 2000

«Mexiko: Das 2,5-Millionen-US-Dollar-Projekt – Drug Discovery and Biodiversity among the Maya of Mexico – hat das Ziel, Tausende von Pflanzen und Mikroorganismen zu sammeln und zu untersuchen, die in der traditionellen Heilkunde von Maya-Gemeinschaften genutzt werden. Das Projekt wird von der Universität von Georgia, USA, in Kooperation mit dem mexikanischen Universitätsforschungszentrum, dem Colegio de la Frontera Sur (ECOSUR), und dem britischen Biotechnologie-Unternehmen Molecular Nature Ltd geleitet. Doch elf Maya-Organisationen sowie der Rat der traditionellen Heiler von Chiapas beschuldigen das Projekt der Biopiraterie.»

Non-Wood News, No.7, March 2000

*Gröhn-Wittern, Ursula: «Biopolitik – Internationale Kontroversen um den Schutz der biologischen Vielfalt». In: Forum Wissenschaft, 3/1999.*

*McNally, Ruth und Wheale, Peter: «Biopatenting and Biodiversity». In: The Ecologist, Vol 26, No 5, September/Oktober 1996.*

*Rangnekar, Dwijen: «Common Heritage or Private Property». In: The Ecologist, Vol.26, November/ Dezember 1996.*

*Shiva, Vandana and Holla-Bhar, Radha: «Intellectual Piracy and the Neem Tree». In: The Ecologist, Vol 23, No 6, November/Dezember 1993.*

*Weber, Gaby: «Wem gehört die Natur? – Biopiraterie in Brasilien». In: ILA 234, April 2000.*

*Zeller, Friedrich J.: «Genetische Ressourcen von Wildpflanzenarten beleben die Kulturpflanzenzüchtung». In: Biologie in unseree Zeit, Nr. 6, 1998.*

*Wörner, Beate: «Von Gen-Piraten und Patenten», Brot für die Welt, Frankfurt, 2000, Brandes und Apsel*

# Wildnis als Lockmittel der Tourismusbranche

## Urlaubssehnsucht Wildnis auf Kosten der traditionellen Rechte einheimischer Völker

*«Orientieren Sie sich zur Abwechslung nicht nach Fern-West oder Fern-Ost, sondern nach Sonne, Strand, Bergen, Natur, Exotik, Wildnis, Safari, Löwen, Elefanten, Nashörnern, Büffeln und Hippos. Wo es das alles zusammen gibt? Nur im Land am Kap der Guten Hoffnung.»*
*South Africa Airways, 1999.*

*«Adam und Eva wurden aus dem Paradies vertrieben, wir fliegen sie jeden Tag hin.»*
*Reiseprosa, Touristik Union International (TUI)*

Nicht erst seit Daniel Defoes «Robinson Crusoe» träumen viele Menschen der industrialisierten Welt davon, der Zivilisation zu entfliehen und selbst Abenteuer in der Wildnis zu bestehen. Das Wörtchen «Wildnis», das im üblichen Sprachgebrauch «unbewohntes, unberührtes und nicht kultiviertes Land» bedeutet, weckt wie kaum ein anderes Wort romantische Assoziationen und Sehnsüchte in uns. Doch nicht nur Ian McIntosh, der Direktor der amerikanischen Menschenrechtsorganisation Cultural Survival, hält «Wildnis» für einen politisch «aufgeladenen» Begriff. Ureinwohner weltweit und besonders in Australien lehnen diesen Begriff zunehmend ab. Denn das Wort wird in der Regel für Gebiete verwendet, in denen die indigenen Völker seit Jahrtausenden heimisch und die damit eben nicht «unbewohnt», nicht «unberührt» und nicht «unkultiviert» sind. Die internationale Tourismusindustrie scheint sich allerdings über die Bedenken der Ureinwohner keine grauen Haare wachsen zu lassen. Sie vermarktet im wachsenden Maße «Wildnis» als ideales Zielgebiet wildnishungriger Pauschalurlauber.

In zahlreichen Reisekatalogen, in einschlägigen Tourismusmagazinen und in von Reiseunternehmen direkt oder indirekt gesponsorten Fernsehsendungen werden Wildnisse als Reiseziele überall auf der Welt angepriesen und der Mythos

Wildnis wird immer wieder neu aufgewärmt. Der «Neuseeland & Südsee-Katalog 1999» von Australia Plus Reisen GmbH schreibt beispielsweise, daß «55 Kilometer unberührte Wildnis eine wunderschöne Abfolge von Wäldern, Wasserfällen, Felsspitzen und Bergen... bieten» und die Urlauber dort «traumhafte Strände und einsame Seen, verlassene Goldgräberstätten und von Menschenhand unberührte Regenwälder» entdecken sollen. Dieser Werbetext des Reiseveranstalters diskriminiert die Urbevölkerung Neuseelands, die in den «von Menschenhand unberührten Regenwäldern» jahrhundertelang gelebt und sie genutzt hat. Sind die Maoris keine Menschen?

*«Wir nahmen die längste Straße der Welt quer durch Ontario. Und genossen die feinste Wildnis-Lodge des Landes... Lifestyle Fünf-Sterne-Wildnis.»*
*Abenteuer Natur, Reiseprosa im Jahr 2000*

Wildnis wird besonders von Abenteuerreiseveranstaltern jeglicher Couleur, ob alternativ oder konservativ, in ihren Programmen großgeschrieben. Wie zum Beispiel im Yeti-Tours-Katalog 1999/2000. Dort findet sich das Wörtchen Wildnis bei manchen Reisebeschreibungen in jedem zweiten Satz: «Wir erleben den Lachsfang der alaskanischen Indianer, ... und natürlich Wildnis und Natur ohne Grenzen.» Auch Yetis «Grosse Botswana Safari» ist laut Katalog ein «einmaliges Wildnisabenteuer». Denn Botswana sei «eines der unberührtesten Länder Afrikas». Aber ist Schwarzafrika nicht die am längsten vom Menschen besiedelte Region unseres Planeten? Der Deutsche Alpenverein Summit Club sattelt noch eins drauf mit seinem «Wilderness-Wandern in den Rocky Mountains». «Die geschützte Wilderness mit zahllosen Bergseen, uralten Wäldern, Blumenwiesen und vierzig Granitgipfeln nahe der Viertausender-Grenze zeigt auch heute noch unberührte Natur wie vor der Entdeckung Amerikas», heißt es im Pressetext des DAV Summit Club über ihr «Zelt-Trekking im Indianerland Wyoming». Dort sei «die einzige Spur menschlicher Existenz der Highline Trail selbst». Haben die DAV-Verantwortlichen bedacht, daß diese Reiseprosa ein Paradox in sich ist: Gab es vor der Entdeckung Amerikas durch Kolumbus keine Menschen in Amerika? Indianerland kann wohl kaum eine von Menschenhand unberührte Natur sein? Schleppen die Verantwortlichen des DAV-Summit Clubs vielleicht noch die koloniale Vorstellung im Wanderrucksack mit, die Indianer nicht zu den «menschlichen Existenzen» zählt?

Selbsternannte Ökoreise- oder Öko-Abenteuerreiseveranstalter werben gleichfalls mit dem Wörtchen «Wildnis». So beschreibt das Consortium of Ecotourism Development Gunung Halimun National Park den gleichnamigen Nationalpark auf Java als «eine 40.000 Hektar große Wildnis, die den letzten großen Primärregenwald Javas bildet...» Und der «Greening Australia»-Touristikveranstalter Jungle Tours stellt sich selbst als ein Reiseunternehmen vor, das «mit der praktischen Erfahrung in der Wildnis des tropischen Nordqueensland gewachsen» sei.

*«Es entbehrt daher nicht einer gewissen Tragik, daß gerade wilde und unberührte Natur ein Gut ist, für das es im Tourismus eine hohe, möglicherweise steigende Nachfrage gibt.»*
*Armin Günther, Lehrstuhl für Psychologie an der Universität Augsburg, 1999*

In Deutschland setzt selbst der «Öko-Reiseveranstalter» Waschbär-Reisen auf das Wörtchen «Wildnis», wenn es darum geht, seine Angebote zu vermarkten. So heißt es im Waschbär-Reisenkatalog 2001 «Kanu-Abenteuer in der Wildnis Nordkanadas... Begleiten sie uns zu dieser unvergesslichen Entdeckungsreise in die unberührte Wildnis und nutzen Sie die Tour weitab der Zivilisation, um Ihre Energiereserven aufzufüllen.» Wildnis gibt es bei Waschbär auch bei den nordeuropäischen Samen: «Familien und Singles: Bei der Reise Wildnisdorf Solberget sind Sie die gesamte Zeit im Wildnisdorf untergebracht. Von hier aus gibt es viele Möglichkeiten, per Rentierschlitten oder Skiern die lappländische Wildnis zu erleben.»

Aber nicht nur private Reiseunternehmen nutzen die Lockwirkung der Sehnsucht «Wildnis». So wirbt das australische Fremdenverkehrsamt, die Australian Tourist Commission (ATC), in ihrem deutschsprachigen Reiseführer 1999/2000: «Australiens unberührte und dennoch zugängliche Wildnis, Outback und Buschgebiete bieten Ihnen die Möglichkeit, viele einheimische Pflanzen und Tierarten sehen und genießen zu können. Nutzen Sie die Gelegenheit, in einem der vielen Nationalparks und Reservate einzigartige Beuteltiere und Vögel in der Wildnis zu beobachten.» Der Text verspricht eine von Menschenhand unberührte Wildnis vor allem in den Nationalparks und Reservaten Australiens. Doch tatsächlich wurden praktisch alle Schutzgebiete des Fünften Kontinents in den letzten Rückzugsgebieten der Aborigines errichtet, für die die angebliche Wildnis eigenes Kulturland ist. Die ATC sollte es eigentlich besser wissen. Doch Marketingstrategien sind den Touristikern offensichtlich wichtiger.

«ATCs Schilderung vom Inneren Australiens als Grenzregion, Wildnis oder natürliche Welt verbreitet den kolonialen Mythos von Terra Nullis – einem Glauben, der einst die Aneignung des Landes der Aborigines rechtfertigte», kritisiert deshalb Gordon Waitt von der University of Wollongong, Australien, die Werbestrategie von Australiens Tourismuskommission. Gordon Waitt untersuchte die internationalen Werbekampagnen der ATC während der 1990er Jahre und kommt zum Schluß, daß sich die ATC kräftig Klischees wie «Wildnis» und «primitiven, aber edlen Wilden» bediente. Das Verbreiten des kolonialen Wildnis-Mythos durch die ATC, so der Forscher, «steht im Gegensatz zu den sich häufenden archäologischen Funden, die beweisen, daß die sogenannten Grenzregionen und Wildnisse seit Tausenden von Jahren die Heimat von australischen Ureinwohnern waren.» Darstellungen in der Werbung, die immer wieder den Mythos eines «unberührten Kontinents», einer Terra Nullis, wiederholen, verstärkten im öffentlichen Bewußtsein die Leugnung der Landrechte indigener Völker. Und dieser Gefahr sehen sich heute viele einheimische Minderheiten nicht nur in Australien, sondern weltweit ausgesetzt. Ihre vom Fortschreiten der Industriegesellschaft immer weiter eingeschränkten Lebensräume werden nun von einer ignoranten Tourismusbranche als Wa(h)re Wildnis, als Spielwiese für die Wildnisträumereien von Urlaubern verkauft.

*«Der Tourist, der das Unberührte sucht, zerstört, was er sucht, indem er es findet.»*
*Theorie des Tourismus von Hans Magnus Enzensberger*

Der Australier Gordon Waitt warnt aber: «Darstellungen, die die menschliche Rolle im Formen und Prägen der prähistorischen australischen Landschaft leugnen, sind alles andere als unbedeutend.» Schließlich betreffen sie aktuelle, in Australien und anderen Ländern heiß umstrittene Fragen über die Enteignung einheimischer Land- und Seerechte von Ureinwohnern sowie deren Rechte auf in diesen Gebieten vorhandene genetische Ressourcen. Mit ihrer Propaganda von «unberührter Wildnis» leistet die Reisebranche beispielsweise einer transnationalen Pharma- und Chemieindustrie Vorschub, die für den freien Zugang zu den genetischen Ressourcen der Welt plädiert, um diese für sich selbst zu patentieren. Mit dem Ziel der Gewinnmaximierung braucht die Industrie «Wildnisse», die keinen Besitzer haben und deshalb billig oder am besten kostenlos auszubeuten sind. Schließlich sind die in diesen «unberührten Naturräumen» vorhandenen «Wildpflanzen» eine der Hauptquellen ihres heutigen und zukünftigen Profits. Doch auch für die Tourismusbranche ist es von Vorteil, wenn sie ihre Profite aus den «Wildnis-Reisen» mit möglichst wenigen teilen muß. Die

**_Zum Nach- und Weiterlesen_**

*Enzensberger, Hans Magnus, Vergebliche Brandung in der Ferne, Eine Theorie des Tourismus, in: Merkur, 1958, S. 701-720*

*Günther, Armin: «Wild-Watchers – Tourismusmanagement in Wildnisgebieten». In: Politische Ökologie, April 1999.*

*McLaran, Deborah: Rethinking Tourism and Ecotravel: The Paving of Paradise and How You Can Stop It?. West Hartford: Kumarian Press, 1998 (Email: KpBooks@aol.com).*

*Waitt, Gordon: «Naturalizing the primitive: a critique of marketing Australia's indigeneous peoples as hunter-gatherers». School of Geosciences, University of Wollongong, Australia. In: Tourism Geographics, 1(2) 1999, S. 142-163.*

«Betrogenen» sind die traditionellen Bewohner der vermeintlichen «Wildnisse» und die Touristen, deren Urlaubstraum «Wildnis» mit einem Trugbild befriedigt wird.

Aber selbst wenn es tatsächlich irgendwo auf unserem Planeten oder außerhalb so etwas wie Wildnis gebe, der Pauschalurlauber würde niemals in der Wildnis ankommen. «Natur pur ist der Traum jedes Wildnistouristen», schreibt der Diplom-Psychologe Armin Günther 1999 in der Zeitschrift Politische Ökologie. Aber, überlegt Günther, «wo der Tourismus Einzug hält, da endet die Wildnis». Auch «begriffslogisch» scheine klar, daß zumindest von unberührter Natur nur solange die Rede sein kann, wie diese nicht betreten, nicht von Menschen in Gebrauch genommen werde.

*Anmerkung:*
*Zum Thema Tourismus und Wildnis gehören selbstverständlich auch die Nationalparks, die international als Wildnisse, als unbewohnte, nur dem Tourismus und der Wissenschaft dienende Schutzgebiete definiert sind. Die Nationalparks behandle ich aber ausführlich im Kapitel «Naturschutz und Wildnis»*

# Kulturphilosophische Schlußbetrachtung

*«Der erste, der ein Stück Land eingezäunt hatte und es sich einfallen ließ zu sagen: dies ist mein, und der Leute fand, die einfältig genug waren, ihm zu glauben, war der wahre Gründer der bürgerlichen Gesellschaft. Wieviele Verbrechen, Kriege, Morde, wieviel Not und Elend und wieviele Schrecken hätte derjenige dem Menschengeschlecht erspart, der die Pfähle herausgerissen oder den Graben zugeschüttet und seinen Mitmenschen zugerufen hätte: Hütet euch, auf diesen Betrüger zu hören; ihr seid verloren, wenn ihr vergeßt, daß die Früchte allen gehören und die Erde niemandem.»*
*Jean-Jacques Rousseau*

## Wir schaffen unsere Wildnisse selbst

«Kulturgeschichte besteht daraus, daß der Mensch die Wildnis ausgrenzte, sich erst von ihr trennte, sich dann als ihr Opfer fühlte, um sie dann endlich zu kontrollieren.» Diese Aussage des 1958 geborenen Politologen Geseko von Lüpke ist eine von vielen Mythen, Ideen, Meinungen, Irrungen und Wirrungen über Wildnis, die heutzutage in unseren Medien Verbreitung finden. Eine solche Argumentationsweise ist ethnozentrisch und setzt wie selbstverständlich voraus, daß es nur eine, nämlich unsere westlich-industrielle Kulturgeschichte gibt. Doch ganz unabhängig von der damit verbundenen Leugnung der Kulturgeschichten anderer Völker, anderer Menschen, die niemals den Schritt gemacht haben, sich über die Natur oder zumindest neben sie zu stellen, ist von Lüpkes Argumentation schon in sich falsch: Erstens kann der Mensch die Wildnis nicht ausgrenzen, da Wildnis bereits per Definition ein Raum ist, der vom Menschen, vom Menschlichen ausgegrenzt ist. Dies käme der Verbannung eines Verbannten gleich. Zweitens hört Wildnis dort auf, wo der Mensch eingreift, kontrolliert. Eine vom Menschen kontrollierte Wildnis ist so etwas wie ein «geschälter, unberührter Apfel» oder eine «jungfräuliche Mutter» vor der Erfindung der Invitrofertilisation. Zu spitzfindig? Haarspalterei? Vielleicht, doch bei einem Thema, das auf der einen Seite Millionen von Menschen veranlaßt, in Flugzeugen um die Welt zu rasen und weltweit den Globus mit Abgasen zu verseuchen, und andererseits Tausende von Menschen um ihren Lebensraum, um ihre Existenz bringt, sollte eine gewisse Begriffsklarheit angebracht sein. Aber in unserer heutigen Quatschbuden-Talkshow-Seifenopern-und-Big-Brother-Realität wird verdreht, verwischt, verschleiert, vertuscht – bis am Ende jeder über das gleiche redet, aber jeweils etwas anderes meint. Von Lüpke beispielsweise meint wahrscheinlich «Natur», sagt aber «Wildnis.»

Dieser Gefahr setzt sich auch der Bund für Umwelt- und Naturschutz Deutschland (BUND) mit seiner Kampagne «Wildnis wagen!» aus. Er setzt Wildnis mit «Natur pur» gleich und propagiert, Wildnis sei nicht nur der «Urwald» Amazoniens, sondern – überspitzt formuliert – auch ein Pflänzlein in einem Mauerspalt oder eine Verkehrsinsel, auf der «Un»-Kräuter wuchern. In diesem Sinne wäre dann auch die natürliche Bakterien- und Viren-Vielfalt auf einem Autolenkrad, einer Türklinke oder einem Klodeckel «Wildnis». Doch welchen Sinn für den Naturschutz macht die Verwendung eines Begriffs, der heutzutage ganz unterschiedlich verwendet und je nach Gutdünken ausgelegt wird und obendrein anderen Völkern ein Graus ist, weil er ihnen allzuoft den «Garaus» gemacht hat?

Natürlich ist es richtig, sich dafür einzusetzen, daß in Deutschland wieder mehr Platz für Natur ist. Aber muß dafür unbedingt ein – wie der Direktor von Cultural Survival, Ian McIntosh, sagt – «belastetes» Wort wie «Wildnis» herhalten? Mit ihrer «Wildnis-Kampagne» begeben sich die deutschen Naturschützer darüberhinaus in gefährliche Nähe zu konservativen wachstums- und industriegläubigen Pseudoökologen oder Ökorealisten vom Schlage eines Peter Huber. Der Ingenieur am «renommierten» Massachussets Institute for Technology (MIT) setzt gleichzeitig auf mehr Wildnis und mehr Industrie. «Die einzige und wachsende Knappheit ist die Knappheit an Wildnis und an wilden Tieren», schreibt er in seinem jüngsten Buch «Hard Green» und hat gleich eine Lösung dafür parat. Huber befürwortet Atomkraftwerke, Gentechnik und intensive, Chemie einsetzende Landwirtschaft, um dadurch möglichst viel Land in Form von Wildnis vor dem Zugriff des Menschen zu retten. Denn die Alternativen, Solaranlagen oder ökologischer Ackerbau, seien in Wahrheit unökologisch, weil sie im Vergleich zu Atomkraftwerken und industrieller Agrarwirtschaft mehr Fläche verbrauchten. Der US-Wissenschaftler pervertiert damit Ökologie und grüne Politik und ist dennoch im Einklang mit Wildnis-Bewegung und Bibel. Huber plädiert für die denkbar krasseste Teilung der Welt in Wildnis und Produktionsstandort und denkt damit die christlich-jüdischen Ideologie der Trennung von Natur und Mensch konsequent zuende. Der US-Forscher ist nicht allein. Der Marburger Ökologieprofessor Hermann Remmert meint ebenfalls, daß im Industriestandort Deutschland Naturschutz nur möglich sei, «wenn der Mensch aus weiten Gebieten ausgesperrt bleibt». So wird das alte, tief in der christlichen Religion verwurzelte Wildnis-Thema wiederholt – oder erst verwirklicht?

*«Wildnis steht nicht gegen die Zivilisation, sondern verkörpert im Gegenteil einen festen Bestandteil genau derselben.»*
*Dominik Siegrist, 1995.*

Im Paradies waren Adam und Eva noch ein Teil der Natur. Mit ihrer Vertreibung aus dem Garten Eden entstand die erste Wildnis – in der Literatur. Und als der Mensch auf Geheiß seines christlich-jüdischen Gottes der Natur den Rücken gekehrt hatte, durfte er sich diese außerhalb des Paradieses unterwerfen. «Selbst mit der besten Absicht», schreibt der Theologe Vincent Rossi im Ecologist Januar/Februar 2000, «haben wir eine Teilung zwischen der natürlichen Welt und uns selbst geschaffen und halten sie weiter aufrecht – eine Teilung, die die Wurzel aller Umweltprobleme ist.» Der amerikanische Historiker Lynn White hielt gleichfalls den «alttestamentarischen Schöpfungsglauben» für die Ursache der sich in den 1960er Jahren bereits abzeichnenden Umweltkrise. Schon Mitte des 18. Jahrhunderts sah es der Philosoph Jean-Jacques Rousseau ähnlich: Mit der Erhebung des Menschen über die Natur sei von Anbeginn an die Gefahr der Überhebung verbunden. Der Mensch mache sich zum Tyrannen seiner selbst, indem er sich zum Tyrannen der Natur machte. Rund einhundert Jahre später erkannte auch Karl Marx, für den der Mensch gleichfalls Teil der Natur war, in der Trennung von Mensch und Natur eine Gefahr. Er schrieb 1844: «Der Mensch lebt aus der Natur, dies bedeutet, daß die Natur sein Leib ist, mit der er in ständigem Zwiegespräch bleiben muß, wenn er nicht sterben soll.»

*«Wildnis ist die stets dunkle Bedrängnis unserer Zivilisation». Ingrid Hüchtker, 1998.*

«Es ist umsonst, wenn wir von einer Wildnis träumen, die in der Ferne liegt. So etwas gibt es nicht. Der Sumpf in unserem Kopf und Bauch, die Urkraft der Natur in uns, das ist es, was uns diesen Traum eingibt. Nie werde ich im fernsten Labrador eine größere Wildnis finden als in einem Winkel in Concord, d. h. als die, welche ich dort hineintrage.» Aus dieser Tagebuchaufzeichnug des amerikanischen Naturphilosophen Henry David Thoreau vom 30. August 1856 spricht die Erkenntnis, daß die Wildnis kein realer Ort ist. Wildnis ist eine westliche Vorstellung, für manche eine Sehnsucht, eine Sehnsucht nach einer Natur, die von unserer Zivilisation unberührt ist, eine Sehnsucht nach dem Zustand vor dem «Rauswurf» aus dem Paradies. Unsere Abenteuerliteratur bedient sich bis heute dieser Sehnsucht und dieses Mythos, wobei sie sich zwischen zwei Polen bewegt: Die

Wildnis zu unterwerfen, das heißt den «Tiger» im Dschungel zu töten oder zu reiten; oder sich umgekehrt selbst der Wildnis zu unterwerfen. Der zivilisierte Abenteurer kommt aus der Begegnung mit ihr entweder als Sieger oder als geläuterter, besserer Mensch hervor. Er findet dort die Wahrheit oder die Erfüllung seiner Begierden und kehrt ihr, bis auf wenige Ausnahmen, am Ende wieder den Rücken zu. Das Modell des modernen Abenteuer- und Naturtourismus wird darin festgelegt.

In unserer versicherten und zunehmend ver-regelten Welt wächst gleichzeitig der Wunsch nach Unsicherheit, Regellosigkeit und Zuständen, die andere wiederum mit Wildnis gleichsetzen. So kann auch eine zubetonierte Stadt mit Millionen von Menschen zur Wildnis mutieren, wenn dort Unsicherheit durch eine hohe Kriminalitätsrate herrscht. Straßenbanden, Kleinkriminelle, Gangster, Mörder, mafiose Vereinigungen, Drogenhändler, korrupte Beamte und Politiker, skrupellose Geschäftsleute bevölkern diese Großstadtwildnis, in der Gesetzlosigkeit wild wuchert. Wildnis wird zur Metapher für Orte ohne Menschlichkeit, für Städte voller Menschen ohne Humanität. In diesem Sinne ließe sich freilich auch die Börse als von wildem Kapital bevölkerte Wildnis bezeichnen. Gerade jetzt, zu Beginn des 21. Jahrhunderts, erleben wir, wie sich der moderne radikale Kapitalismus in einer zunehmend liberalisierten, deregulierten und so mehr und mehr einer Wildnis gleichenden Weltwirtschaft wild ausbreitet. Kapitalgesellschaften, unpersönliche Rentenfonds werden erschaffen, die dazu da sind, die Ersparnisse von Menschen zu kapitalisieren, zu entmenschlichen, zu verwildern mit der einzigen Aufgabe, mehr Kapital zu bilden. Von jeglichen humanitären Aufgaben befreites Kapital führt zwangsläufig zu modernen Wildnissen, die tatsächlich menschenleer sind, weil für Menschen tödlich: Ausgebeutete Uranminen, riesige Schutthalden radioaktiver Abfälle, großflächige mit Schwermetallen und anderen Giftstoffen verseuchte Abraumhalden von Gold-, Kupfer- oder Aluminiumproduktion, kahlgeschlagene, abgebrannte Regenwälder sind solche neuen, durch unmenschliches Kapital erzeugten Wildnisse. Ist es nicht auch dieses nur dem «Mehrwert» verpflichtete Kapital, das in Ostdeutschland statt «blühender Landschaften» eine Wildnis mit deregulierten Jugendlichen geschaffen hat, die nun Menschen anderer Hautfarbe zu Tode hetzen, so wie es rund 500 Jahre vor ihnen die brutalsten unter den Kolonisatoren Amerikas mit der Urbevölkerung und später mit entlaufenen Sklaven taten?

*Moderne Wildnisse hat natürlich auch der entmenschlichte, sich dem unbegrenzten Industriewachstum verschriebene, «real existierende» Kommunismus oder Sozialismus im Machtbereich der ehemaligen Sowjetunion geschaffen.*

## «Wildnis ist das Andere»

Ein kurzer Streifzug durch wilde Wildnis-Spekulationen von modernen Autoren unserer Zeit und unseres Kulturraums: «Die Wildnis selbst hat viele Gesichter; Wildnis ist eine Metapher für das Unbewußte; Wildnis als heiliger Ort gottgewollter Ordnung; Wildnis braucht keinen forstbiologischen Nachhilfeunterricht; Wildnis ist kein Zustand, sondern ein Prozeß; Wildnis ist ein unkalkulierbares Risiko; der Mensch ist erst zum Menschen geworden durch seinen Überlebenskampf mit der Wildnis; der Körper des Menschen ist Wildnis, seine Triebe, seine Sexualität, seine Lust, seine Exkremente, sein Speichel, sein Blut; Wildnis ist freie Natur; die Grenze zwischen Kultur und Wildnis läuft mitten durch den Menschen; Wildnis erinnert uns an das Andere; Wildnis ist die extreme Vorstellung von nichtmenschlicher Natur; Wildnis war das Unmoralische, Ungemütliche, Unbillige;

Wildnis, um Geist und Seele zu verköstigen; die rituell gebändigten Schrecken der Wildnis lassen den gesellschaftlichen Status quo als eine präkere Errungenschaft erscheinen, die es gerade deshalb zu bewahren gilt; Wildnis ist auch kulturell «in»; das verinnerlichte Wahrnehmen von Wildnis, deren psychisch bemerkte Resonanz auf die Zustandsbefindlichkeit unseres Leibes – das meint Psychotyp Wildnis; Wildnis ist Natur, die ohne uns, für uns arbeitet; Wildnis verlangt vom Menschen, nichts zu tun; die positive Reaktion auf natürliche Wildnis ist ein Erbe aus jener langen Zeit, die unsere Vorfahren als Wildbeuter verbrachten; der Weg von der Wildnis zur Kulturlandschaft begann vor sechs- bis siebentausend Jahren durch einwandernde Ackerbauern; die zivilisatorische Schicht, die uns von Wildnis trennt, ist nicht dicker als drei Tage; die Vorstellung von reiner Wildnis kann es seither (1962) nicht mehr geben; Wildnis kann daher noch immer als relativ reine Natur betrachtet werden; in der Vermittlung von Kultur und Wildnis findet das archaische Bewußtsein sein Ziel; Wildnis ist das ständig gegenwärtige, aber latent gehaltene Fremde, ohne daß das Eigene nicht selbst als solches erkannt werden kann; die Wildnis ist eine Seelenlandschaft, in der wir unseren eigenen Projektionen begegnen; Wildnis als Symbol der Unverfügbarkeit; die ökologische Natur, die wir umgestaltet haben, verkehrt sich gegen uns in eine grausame und gefährliche Wildnis; die zweite Wildnis ist hier wie dort – sie ist überall; die zweite Wildnis ist als Binnen-Wildnis der Ausdruck einer unverstandenen Natur; ein Entkommen aus dieser Haßliebe zwischen Kultur und Wildnis kann es kaum geben; das Schwanken zwischen Angst vor der Wildnis und Faszination für die Wildnis kennzeichnet den Städter; immer war die Wildnis in den Mythen ein Ort der Heilung; Wildnis, verstanden als ein Zustand von Welt vor ihrer regelhaften Festlegung; Wildnis ist eine Quelle der Kraft, ist eine Art Lehrer für Weisheit und Verantwortung; Wildnis als Inbegriff von Vitalität und Kreativität; in der Moderne läuft die Zeit für Wildnis aus; Wildnis wird nun von den tiefenökologischen Naturschützern und Psychologen wiederentdeckt; Wildnis als Therapie gegen Konsumsucht, als Crashkurs zur ganzheitlichen Weisheit; Wildnis als Symbol für den Gotteskomplex; allein mit der Mutter Natur löst sich die Trennung zwischen Menschenwelt und Wildnis auf; der Wunsch, erwachsen zu werden, treibt Frauen und Männer aller Sozial- und Altersklassen in die scheinbare Einsamkeit der Wildnis; wer in die Wildnis geht, sucht nach dem Ungewissen; was moderne Menschen in der Wildnis suchen, ist interindividuell sehr verschieden; alle Wildnis-Typen bilden sich in unserem Unterbewußtsein ab; Wildnis als Versuchung für die echten Männer; wer an die Wildnis glaubt, glaubt an die Schöpfung; Wildnis steht auch für Chaos; die Wildnis ist nicht da draußen; die Stadt, aus dem Garten hervorgehend, entwickelte sich zum Gegensatz der Wildnis, die man durch den Zaun aussperrte; lieben wir die Wildnis zu Tode? Wildnis im Sinne des Gesetzes; das Management von Wildnisgebieten; Wildnis als pädagogische Herausforderung; das zwanghafte Bestreben, potentiell natürliche Vegetation herstellen zu wollen, beschwört gerade im Zusammenhang mit Wildnis die Konflikte von morgen herauf; die Wildnis gehört allen Menschen; der Mensch ist erst zum Menschen geworden durch seinen Überlebenskampf in der Wildnis; die Wildnis im Bücherherbst; Wildnis ist kein eindeutig definierter Begriff; Wildnis ist das Gegenbild zur Kultur; als kulturell bedingtes und zivilisationsgeprägtes

***Zum Nach- und Weiterlesen***


*Bitterli, Urs: Die «Wilden» und die Zivilisierten. Grundzüge einer Geistes- und Kulturgeschichte der europäisch-überseeischen Begegnung. München: C.H. Beck, 2. Aufl. 1991.*

*Hüchtker, Ingrid: «Wilde Sehnsucht – Mensch und Natur» In: BUNDmagazin, 1/1998.*

*Lüpke, Geseke von: «Die Wildnis im Bücherherbst» In: Natur & kosmos, Okt. 2000.*

*Natur & Kosmos, «Dossier Nationalparke – Auf den Spuren der Romantiker», März 2000*

*«Wa(h)re Wildnis». Politische Ökologie, Heft April 1999.*

*Patterson, John, «Respecting Nature: the Maori Way», in: The Ecologist, Vol. 29, N. 1, Januar/Februar 1999*

*Pötter, Bernhard, «Wie grün ist der Reichtum». In: Deutsches Allgemeines Sonntagsblatt, 30. Juni 2000*

*Rousseau, Jean-Jacques: Diskurs über den Ursprung und die Grundlagen der Ungleichheit unter den Menschen. Stuttgart: UTB, 3. Auflage 1993; auch erschienen in: derselbe: Schriften zur Kulturkritik. Philosophische Bibliothek. Hamburg: Meiner, 5. Aufl. 1995.*

*Rossi, Vincent, «Scared Cosmology in the Christian Tradition», in: The Ecologist, Vol. 30, Nr. 1, Januar/Februar 2000*

*Schama, Simon: Der Traum von der Wildnis. Natur als Imagination. München: Kindler, 1996.*

*Weber, Jörg: Die Erde ist nicht Untertan. Frankfurt/Main: Eichborn, 1993.*

Konzept umgibt uns die Wildnis tagtäglich; wo Städte entstehen, muß die Wildnis weichen; je mehr die Städte anwachsen, desto mehr erscheinen sie aber selbst als eine eigene Art von Wildnis; Wildnis verlangt vom Menschen, nichts zu tun; der moderne Mensch diffamiert die Reste noch nicht angeeigneter Natur als unnütze Wildnis und merkt dabei nicht, daß er dadurch eine neue, kaum zähmbare Wildnis fördert, die in Gestalt sozialer Scheußlichkeiten das Gebäude der Zivilisation überwuchert; die unbegriffene, nicht vertrautgemachte Wildnis in und um den Menschen wird zum Monster stilisiert; Wildnis ist ein alltägliches Wort; Wildnis kann die transzendentale Obdachlosigkeit des modernen Menschen überwinden; in der Wildnis erblickt der Mensch eine belebte Gegenwelt, die er zu seiner körperlichen und seelischen Erholung dringend braucht; Wildnis ist nicht politikfähig.

# Nachbemerkung: Bedenkliche Entwicklungen

Mitte Januar 2001. Die einzelnen Kapitel des Buches sind fertig und längst im Lektorat. Da bringt die Süddeutsche Zeitung auf ihren geschätzten Umwelt- und Wissenschaftsseiten einen groß aufgemachten Artikel, der mich noch einmal an den Laptop treibt. Der Artikel ist quasi das I-Tüpfelchen auf einer Reihe von Publikationen, die die zunehmende Kritik an der konservativen Nationalparkideologie kontern und das Wildnisprinzip (Ureinwohner raus, Forscher und Touristen rein) als Naturschutzkonzept rechtfertigen sollen. «Nationalparks sind überraschend effektiv» heißt es fett in der Überschrift des SZ-Artikels. Ein Team nordamerikanischer Wissenschaftler habe herausgefunden (Science, Bd. 291, S.125, 2001), daß Nationalparks zwar keinen 100-prozentigen Schutz der Ökosysteme gewährleisten würden, aber dennoch Biodiversität sehr effektiv schützten. «Recht zuverlässig verhindern sie Rodungen: In mehr als achtzig Prozent der untersuchten Gebiete nahm die von natürlicher Vegetation bedeckte Fläche nicht ab oder wuchs sogar, weil ehemals landwirtschaftlich genutzte Areale renaturiert wurden», heißt es im SZ-Bericht. Doch stimmt dies wirklich?

Erstens: Die zitierten Forscher haben von über 500 Schutzgebieten lediglich 93 Parks für ihre Untersuchung nach ihren eigenen Maßstäben ausgewählt. Das heißt, die Untersuchung kann zunächst einmal nicht als repräsentativ für alle Nationalparks gelten und folgerichtig auch nicht verallgemeinert werden.

Zweitens: Es wurden nur Gebiete untersucht, in denen – beispielsweise durch eine dichte Bevölkerung im Umfeld des Parks – ein erheblicher Druck auf die natürlichen Ressourcen besteht. Die Forscher rund um den US-Wissenschaftler Aaron Brunner vom Center for Applied Biodiversity Science in Washington und von der University of Britsh Columbia verglichen in ihrer Studie die (entvölkerten) Reservate mit der besiedelten Umgebung. Und siehe da: Insgesamt befänden sich praktisch alle Schutzgebiete, so die SZ, in einem ökologisch weit besseren Zustand als die umgebende Region. Dieses «Forschungsergebnis» mag mit großer Wahrscheinlichkeit sogar stimmen, dennoch ist es kein Beweis dafür, daß ein Nationalpark tatsächlich biologische Vielfalt effektiv schützt. Denn natürlich führt die Gründung eines Nationalparks und die Aussiedlung oder Verdrängung der einheimischen Bevölkerung aus diesem Schutzgebiet zwangsläufig zu höheren Bevölkerungsdichten und damit zu größerem Druck auf die natürlichen Ressourcen in den Randgebieten außerhalb der Nationalparks. Überspitzt formuliert hat diese Vergleichsstudie im Prinzip denselben Wert wie ein Artenvielfaltsvergleich zwischen einem Stadtpark und seiner betonierten Umgebung. Selbstverständlich gibt es in einem Stadtpark mehr «Grün» als auf der ihn umgebenden Straße. Interessanter wäre es gewesen, ein von indigenen Gemeinschaften, unbeeinflußt von außen, traditionell genutztes Gebiet mit einem von «Wildnisideologen» gemanagten Nationalpark (in einer vergleichbaren Region) zu vergleichen. Wahrscheinlich wäre dann ein anderes Ergebnis herauskommen, und die SZ-Überschrift hätte lauten müssen: «Nationalparks sind überraschend ineffektiv». Doch ob dies im Sinne der Geld- und Auftraggeber dieser Studie gewesen wäre?

Ein weiteres Ergebnis der nordamerikanischen Forschungsarbeit zeigt gleichfalls eine bedenkliche, rückwärtsgewandte, kolonialistische Tendenz: Laut Brunner und Kollegen gebe es nämlich keine positiven Effekte, wenn die Bevölkerung in das Management der Parks einbezogen werden. Dieses «Forschungsergebnis» ist wie ein Freibrief für westlich orientierte, mit finanziellen Ressourcen ausgestattete Naturschützer, denen schon immer die einheimischen, «armen» Bevölkerungen suspekt, lästig und das Grundübel jeglichen Naturschutzes waren. Co-Produzent dieser Forschungsarbeit ist übrigens die US-Naturschutzorganisation Conservation International, die sich bisher nicht gerade als Kritikerin der Nationalparkideologie einen Namen gemacht hat.

Diese in «Science» veröffentlichte Studie wurde nicht nur von der SZ, sondern von vielen Medien weltweit und meist unkritisch aufgegriffen, teilweise deutlich verkürzt und verallgemeinernd verbreitet. Dies zeigte mir abermals, wie tief die Wildnisideologie in der westlich dominierten Welt verankert sein muß und wie wichtig Gegenstimmen zu diesem Naturschutzkonzept sind. Deshalb möchte ich nun einige von mir in den vorhergehenden Kapiteln aufgestellte Thesen zum Schluß noch weiter untermauern und auf weitergehende, bedenkliche Entwicklungen hinweisen.

## Im Banff fehlt das Feuer

Wie der Autor J. Baird Callicot 1991 festhielt, «war 1492 die Antarktis die einzige wahre Wildnis-Landmasse auf dem Planeten». Der gesamte amerikanische Doppelkontinent war Lebensraum indigener Völker. Dies dürfte auch auf das Gebiet des heutigen Banff-Nationalparks in den kanadischen Rocky Mountains zugetroffen haben. Der Banff ist Kanadas ältester Nationalpark und wurde bereits 1885 gegründet. Wenig später, 1907, folgte in seiner Nachbarschaft die Gründung des Jasper-Nationalparks.

Eine erst jüngst im November 2000 in der Fachzeitschrift Ambio veröffentlichte Arbeit zu den beiden Bergschutzgebieten macht nun klar, daß die Landschaft, die die Urlauber heute dort zu sehen bekommen und genießen, eine andere ist, als die, die ursprünglich vor über einhundert Jahren unter Schutz gestellt wurde. Die Forschungen der University of Western Ontario zeigen, «daß Feuer eine wiederholte und signifikante Erscheinung im Bergwald gewesen ist, bevor die Parks errichtet wurden. Während der vergangenen 70-80 Jahre aber gab es keine großen Feuer innerhalb der Parks mehr, und die verbrannte Fläche wurde durch eine aktive Politik der Feuerbekämpfung reduziert.» Die beiden Forscher, Brian Luckman und Trudy Kavanagh, schreiben in ihrem Bericht weiter: «Die Abwesenheit von signifikanten Feuern führt zu einer Veränderung des Charakters des Bergwaldes, was ein deutliches Dilemma für das Parkmanagement zur Folge hat.» Denn das Parkmanagement habe schließlich im Grunde die Aufgabe, die «Natürlichkeit» dieser Landschaft zu erhalten. Doch vor allem dränge die Tourismuslobby darauf, Feuersbrünste im geschützten Bergwald zu verhindern oder so klein wie möglich zu halten. Der Banff ist quasi ein Paradebeispiel für das Paradox einer von industriealisierten Menschen gemanagten Wildnis.

## Mehr Wildreservate – weniger Elefanten?

War es vor Jahren noch ein Tabu in Naturschutzkreisen, geben nun zunehmend auch konservative Naturschützer zu, daß besonders in Afrika Menschen aus ihren angestammten Lebensräumen vertrieben wurden, um «einen Platz für Tiere» zu schaffen. So auch John Waithaka vom kenianischen African Conservation Centre. Im ACP-EU-Courier, Januar 2001, schreibt er: «Für viele Kenianer ist Naturschutz ein Synonym für den Ausschluß von Einheimischen von geschützten Gebieten... Fehlender Zugang zu den natürlichen Ressourcen, von denen sie historisch in ihrer Existenz abhängig waren, gekoppelt mit zunehmender Konkurrenz mit Wildtieren außerhalb der Parks, führte zu bitteren Konflikten zwischen Menschen und Tieren.» John Waithakas Zahlen zufolge ging in Kenia die Elefantenpopulation von 170.000 zu Anfang der 1970er Jahre – aufgrund dieser Konflikte und extremer Bejagung für den Elfenbeinhandel – auf 20.000 in den achtziger Jahren zurück. Die Population der Nashörner verringerte sich in diesem Zeitraum von 20.000 auf 300 Tiere. Ähnlich verhält es sich im Nachbarland Tansania. Noch Ende der 1960er Jahre lebten in Tansania etwa 10.000 Spitzmaulnashörner *(Diceros bicornis).* Heute sind es nur noch 60 bis 70 Tiere ihrer Art, die die vergangenen dreißig Jahre in Tansania überlebt haben – trotz oder aufgrund der von den Industrieländern nach Kenia und Tansania exportierten Wildnisideologie und Naturschutzstrategie?

Die in Kenia ansässige Organisation Ecoterra schreibt dazu: «Wenn es noch Völker gibt (und es gibt sie!), die noch nicht von einer Lebensweise entfremdet wurden, die die Natur respektiert und das Überleben des natürlichen Lebensnetzes garantiert (in dem eine intakte menschliche Population ein integraler Teil ist), dann bieten diese traditionellen Völker die beste Chance für eine Zukunft der wilden Gebiete und nicht die Privatisierung und Einzäunung der letzten Wildnis-Zonen. Aber wenn die Weltbank und andere globale Investoren, selbst die Deutsche Gesellschaft für Technische Zusammenarbeit (GTZ) gemeinsam in einem Joint Venture mit reichen Naturschutzorganisationen weiterhin die letzten (von der Globalisierung) unberührten Wildnis-Gebiete der Erde aufkaufen, dann wird das ‹Ende des Spiels› sehr bald eine Tatsache sein überall in den Entwicklungsländern.» Nach Meinung von Ecoterra bieten nur die noch in ihren angestammten Lebensräumen lebenden Völker langfristig eine Chance für das Überleben einer natürlichen Artenvielfalt wie wir sie heute noch in vielen Teilen Afrikas, Asiens oder Amerikas antreffen.

## The Branding of Outdoor

Während in Ländern wie Kenia oder Thailand die Enteignung der traditionellen, einheimischen Bevölkerung zu vermeintlichen Naturschutzzwecken und zum Aufbau von künstlichen Wildnissen noch nicht ad acta gelegt oder «nur» noch nicht abgeschlossen ist, zeichnet sich im «Wildnisstammland» USA eine weitere Entwicklung in der konservativen, neoliberalen Naturschutzpolitik ab: die Privatisierung der «Wildnisse». Wie Scott Silver von der US-amerikanischen NGO Wild Wilderness befürchtet, könnten in den nächsten vier Jahren bisher frei zugängliche Naturräume in den USA privatisiert und als «Markenprodukte» von Firmen vermarktet werden. Unter dem unverbindlichen Namen American Recreation Coalition (ARC) drängen einschlägige

Konzerne wie die Walt Disney Company sowie einige Freizeit-, Fun- und Motorsportfirmen schon seit einigen Jahren die Regierung der USA, den Privatunternehmen das Management der nationalen Natur- und Waldreservate zu überlassen, sprich diese Gebiete zu privatisieren. «ARC ist ein aktiver Bestandteil der Wise-Use-Bewegung, und sie ist eng verbunden mit den beiden Anti-Umweltschutzorganisationen, der Coalition for Vehicle Choice und der Foundation for Clean Air Progress», kritisiert Scott Silver. Die Interessen des ARC lassen sich, so Silver, in drei Worten ausdrücken: «Privatisieren, Komerzialisieren, Motorisieren.»

Sollte diese neue US-amerikanische, von Konzernen gesponsorte «Wise-Use-Bewegung» auf andere Länder ähnlich wie die Wildnisideologie überschwappen, dann schließt sich der Kreis der negativen Globalisierung von Kolumbus bis zu den heutigen, konservativen Naturschutzideologen oder «Öko-Optimisten». «Wise use» von «Wildnis» bedeutet die Globalisierung oder besser gesagt Privatisierung von Wildnis: erst nehme man das Land den «Wilden» (oder der Allgemeinheit), dann schenke man es den Firmen. Nichts anderes geschieht seit über 500 Jahren im Namen von Gott, Kirche, Staat, im Namen von Naturschutz, von Hunger-, Armuts- und Wüstenbekämpfung, im Namen der Arbeitsplätze, des Bruttosozialprodukts, der Effektivität, im Namen der Aktienwerte. Vorwände sind leicht zu finden, um viele ärmer und wenige reicher zu machen. Die beiden folgenden Schlußkommentare vom World Rainforest Movement und von Glen Barry runden meine Thesen ab und komplettieren sie:

*Adressen*

*ECOTERRA Intl., Madrid/Paris/London/Cassel, ECOTERRA – FIRST PEOPLES & NATURE FIRST, To subscribe or unsubscribe just send a mail to WILDNET@ecoterra.net, 24 h EMERGENCY RESPONSE PHONE LINE: +254-733-633-000*
*Anmerkung: Ecoterra verbreitet Nicht-Mainstream-Informationen zu den Themen indigene Völker und Naturschutz*

*Glen Barry, President, Project of Forests.org, Inc.,*
*Email: grbarry@students.wisc.edu / Forest Networking a Project of Forests.org, Inc., Internet: http://forests.org/ – Forest Conservation Portal,*
*http://forests.org/links/ – Forest Conservation Links*

*Ogiek Welfare Council,*
*Nakuru, Kenya, PO Box 12069 Nakuru*
*Tel: 419021 (Nakuru)*
*email: ogiek@africaonline.co.ke*
*Anmerkung: Kenia will seit Jahren die Ogiek aus «Waldschutzgründen» aus ihrem Lebensraum umsiedeln. Die Ogiek wehren sich dagegen.*

*Scott Silver, Wild Wilderness,*
*248 NW Wilmington Ave., Bend, OR 97701,*
*e-mail: ssilver@wildwilderness.org, Internet: http://www.wildwilderness.org*

*Tebtebba Foundation at No. 1 Roman Ayson Rd., 2600 Baguio City, Philippines,*
*Tel. No. (63) 74 4447703/(63) 74 4439459, Fax No. (63) 74 4439459,*
*E-mail: tebtebba@skyinet.net*
*www.tebtebba.org.*
*Anmerkung: Diese Organisation setzt sich international für die Rechte der Indigenen Völker ein.*

## «Beschuldigt nicht die ‹Armen›!»

Seit Jahren liegen die Experten des Mainstreams falsch in der Identifizierung der Hauptursachen von Entwaldung, und sie liegen gleichfalls falsch mit ihren Lösungen zur Rettung der Wälder. Ihrer Mainstream-Meinung nach sei eine der Hauptursachen von Entwaldung der Gebrauch von Feuerholz durch die «Armen». Ihre Lösung war die Anlage von Eukalyptusplantagen, um die «Armen» mit Feuerholz zu versorgen. Ihrer Mainstream-Meinung nach seien die in den Wäldern lebenden Menschen verantwortlich für die Entwaldung und sie müßten deshalb aus dem Wald entfernt werden, um ihn zu schützen. Menschen wurden so aus ihrer Heimat vertrieben unter dem Vorwand des Waldschutzes. Diese simple «Beschuldige-die-Armen»-Methode kam nicht mal auf den Lösungsansatz, daß wenn die Armen die Hauptursache der Entwaldung seien, daß dann die Armut zu erst zu beseitigen sei. Stattdessen wurden die stärksten Anstrengungen unternommen, um die Armen aus dem Wald zu entfernen.

Während solche Experten tüchtig bei der Arbeit waren, waren es auch die wahren Kräfte der Entwaldung. Holzunternehmen setzten die Abholzung fort, legal und illegal. Staudammbauer setzten das Aufstauen der Flüsse fort und Millionen von Hektar Wald unter Wasser. Mangrovenwälder verschwanden weiter durch die Hände von industriellen Shrimp- oder Garnelen-Züchtern. Exportorientierte landwirtschaftliche Produktion und Rinderzucht hörten nicht auf, zunehmend Fläche zu entwalden. Industrielle Baumplantagen – für Zellstoff-, Tropenholz-, Palmöl-Produktion und anderes – resultierten in dem Ersatz von weiten Gebieten artenreicher Wälder durch fremde Baummonokulturen. Bergbau- und Erdöl-Firmen setzten die Zerstörung und Vergiftung der Wälder fort.

Die Realität zeigt uns, daß es nicht die «Armen» sind, die den Wald zerstören, sondern sehr mächtige Interessen – lokale und internationale. Der Schutz der Wälder beinhaltet deshalb die Unterstützung der einheimischen Völker in ihrem Einsatz für deren Rechte und gleichzeitig die Anprangerung der Grundursachen der Entwaldung auf nationaler und internationaler Ebene.

*World Rainforest Movement (WRM), gekürzt aus «Our Viewpoint», WRM Bulletin, Februar 2001.*

## Sind zehn Prozent genug?

Glen Barry, Präsident of Forest Networking a Project of Forests.org:

«Das oft verkündete Ziel, zehn Prozent der Wälder der Erde zu schützen, ist Unsinn (Bullshit) und gänzlich ohne wissenschaftliche Basis. Weltweit übernahmen viele der Naturschutzgruppen und Regierungen diese jammervolle, inadequate Zielvorgabe. Dieses Ziel erscheint willkürlich festgelegt zu sein, um der Abholzungs- und anderen Rohstoff-Industrien nicht allzuviele Schwierigkeiten zu machen und die Regierungseinnahmen nicht zu gefährden...

Die Theorie der Insel-Biogeography zeigt, daß der Schutz von zehn Prozent eines Waldsystems – oder anderes ausgedrückt, die Zerstörung von 90 Prozent – zu einem Artenverlust von wenigstens 50 Prozent führt. Die Disziplin der Landschaftsökologie macht klar, daß wenn 90 Prozent einer natürlichen Landschaft verloren oder signifikant verändert sind, werden die übriggebliebenen Fragmente wahrscheinlich weiter ökologisch verfallen, erodieren. Zehn Prozent der weltweiten Wälder unter striktem Schutz zu stellen ist kein Sieg oder ökologisch ausreichend. Behauptungen

*Glen Barrys Text ist gekürzt entnommen aus seinem Kommentar zu: «WWF warns Key Forest Areas Threatend, But seeks Inadequat goals», 23.02.2001.*

*«Insgesamt können wir sagen, daß der globale Waldschutz sich langsam verbessert, insbesondere in Schlüsselländern wie Brasilien, Kamerun und der Russischen Föderation. Jedoch ... sind viele Wälder weiterhin bedroht. Der WWF ruft deshalb die Regierungen auf, wenigstens zehn Prozent dieser empfindlichsten Wald-Öko-Regionen zu schützen.»*
*WWF (World Wide Fund for Nature), Pressemitteilung, Februar 2001*

***Zum Nach- und Weiterlesen:***

*Rögener, Wiebke, «Nationalparks sind überraschend effektiv», SZ, Dienstag, 16. Januar 2001*

*Callicot, Baird, J., «The Wilderness Idea Revisited: The Sustainable Development Alternative», Environmental Professional 13 (1991): 241*

*Vasant K. Saberwal, «Conservation as Politics: Wildlife Conservation and Resource Management in India», Journal of International Wildlife Law and Policy, Vol.3,2, 2000*

des WWF, daß es ein großer Sieg wäre, das Ziel ‹Schutz von 10 Prozent der globalen Wälder in 2001› zu erreichen, werden vielleicht tatsächlich die Anstrengungen für eine weltweite Wald-Nachhaltigkeit behindern. Solche mittelmäßigen Ziele bedeuten oder implizieren, daß dieser Schutzlevel ausreichend sei, um regionale Wald-Ökosysteme voll funktionsfähig zu halten, und sie rechtfertigen eine massive und mutwillige Zerstörung der letzten ‹Wald-Wildnisse› in der Welt...

Jüngste wissenschaftliche Studien zeigen, daß mindestes 50 Prozent eines Wald-Ökosystem geschützt werden müssen, um den Erhalt dieses Ökosystems zu gewährleisten – ein weiter Weg vom schäbigen Zehn-Prozent-Ziel, das einige Arten schützt, aber nicht ein voll intaktes, funktionierendes Ökosystem...

Es ist Zeit, die Forderungen der Waldschutzbewegung auf eine wissenschaftliche Basis und Notwendigkeiten zu stellen, um die Wald-Nachhaltigkeit zu erhöhen, und nicht länger auf dubiose Ziele zu setzen, die nur gesetzt wurden, um leicht erreichbar zu sein, aber ökologisch nicht ausreichend sind. Ich bin zunehmend besorgt über die Unwirksamkeit der Mainstream-Umweltschutzgruppen. Wenn der WWF die Zielmarke so niedrig setzt, daß sie effektiv bedeutungslos ist, dann ist es einfach, eine (nicht vorhandene) Verbesserung zu sehen.»

*Hettinger, Ned und Throop, Bill, «Refocusing Ecocentrism: De-emphasiszing Stability and Defending Wildness», in Environment Ethics, Vol. 21, Spring 1999*

*Mech, David, «Returning the Wolf in Yellowstone», in Robert Keiter and Mark Boyce, es., «The Greater Yellowstone Ecosystem», New Haven, Yale University Press, 1991*

*Chase Alston, «Playing God in Yellowstone», San Diego, Harcourt Brace Jovanovich, 1987*

*Brian Luckmann and Trudy Kavanagh, «Impact of Climate Fluctuations on Mountain Environments in the Canadian Rockies», University of Western Ontario, veröffentlicht in Ambio, Vol.29. No.7, Nov 2000*

*Waithaka, John, «Biodiversity conservation – can it succeed?», The Courier (magazine of ACP-EU development cooperation), January-February 2001*

*Kirby Alex, «Tropical parks need more support», BBC News Online, January 5. 2001*

*WWF press release, «Title: Despite increased protection of global forests, WWF warns key areas still seriously threatened», http://www.panda.org/forests4life/vulnerable_forests/index.cfm, February 22, 2001*

*Burrows, Beth, Third World Network Features, «The Real Business at Yellowstone – Commercialising Life», Februar 2001, Email: twnet@po.jaring.my*

*James R. Lyons, Under Secretary for Natural Resources and Environment, Washington, D.C., May 9, 1997, «VISIT US–COME AND ENJOY OUR BRAND OF OUTDOOR RECREATION», Recreation in the 21st Century: Increasing Demand, Increasing Recognition, Idaho Governors Tourism Conference*

# Anderen Stimmen zum Thema Wildnis

## Cultural Survival

«In einer Reihe von Statements wehren sich gerade jetzt indigene Völker gegen die Bezeichnung ‹Wildnis›. Der Fall, den ich am besten kenne, ist in Australien, wo die Aborigines das Wort nicht mögen und sagen, daß ‹Westerners› in Australien Wildnisse auf ihre Kosten erschaffen würden – durch Vertreibung der Ureinwohner aus ihren Heimatgebieten. ‹Wildnis› ist ein aufgeladener Begriff.»

Ian McIntosh, Direktor der NGO Cultural Survival, im Mai 2000

*«Wenn ich den Armen Essen gebe, nennen sie mich einen Heiligen. Wenn ich frage, warum haben die Armen nichts zu Essen, nennen sie mich einen Kommunist.»*
*Dom Helder Camera*

## Gesellschaft für bedrohte Völker (GfbV)

«Den Schutz der ‹Wildnis› und die Regeneration von Fauna und Flora als einen von Menschen entleerten Raum – z.B. (Biosphären-) Reservat – zu organisieren, erscheint uns sinnvoll, da der Mensch im industriellen Kontext als Störenfried auftritt. Dieser Ansatz läuft jedoch allen Erfahrungen indigener Völker diametral entgegen. So legen bestimmte Pflanzen entlang der Wanderrouten indianischer Gemeinschaften im Amazonasgebiet den Schluß nahe, daß der ‹Urwald› keineswegs allein naturbelassen zustandekam. Auch sonst zeugen Reste vorkolumbischer Kulturen in Amerika von deren hoher Anpassungsfähigkeit an sich verändernde natürliche Bedingungen.»

Theodor Rathgeber, Gesellschaft für bedrohte Völker

*Indigene Völker wie die Ureinwohner West-Papuas kämpfen seit Ende der achtziger Jahre vermehrt um ihre traditionellen Landrechte. Für sie sind ihre angestammten Heimatgebiete, die heute artenreichsten Regionen der Erde, keine Wildnis, sondern Teil und Ergebnis ihrer Kultur.*
*Foto: N. Suchanek*

## Neuguinea

«Ich stamme vom Volk der Biak. Wildnis bedeutet für uns eine Welt, in der wir unsere Nahrungsmittel herstellen und sammeln. Wir legen darin unsere Gärten an. Wir sammeln Früchte und Gemüse dort. Wir jagen dort. Also ist unser Leben dort. Im übernatürlichen Sinn glauben wir, daß die Götter im Regenwald manchmal ärgerlich sind, wenn jemand Fehler gegen die Normen in der Gemeinschaft macht. Diese Person kann von einer Schlange gebissen werden oder von einem Baum fallen und sterben. In diesem Sinne hat die Wildnis seine eigenen Gesetze, die in Verbindung zu unserem Glauben und den traditionellen Normen der Gesellschaft in der realen Welt stehen. So gibt es eine Verbindung zwischen der übernatürlichen Welt und der Realität. Die Wildnis ist nicht böse und es gibt kein schlechtes oder böses Leben in der Wildnis. Wildnis wird dich warnen, wenn du einen Fehler in deinem Leben gegen die Normen der Gesellschaft begehst. Das ist alles, was ich zum Thema Wildnis zu sagen habe.»

Ottis Simopiaref, Papuan Activist, im Juni 2000

*E-Mail: osimopiaref@netscape.net*

## Malaysia

«Das Konzept von Natur ohne Menschen, das die Naturschutztheorie in den vergangenen Jahrzehnten bestimmte, wird weiterhin in verschiedenen Ländern wie Indien oder Brasilien angewandt. Obwohl die international akzeptierten Prinzipien einer nachhaltigen Waldnutzung die Wichtigkeit der vollen Beteiligung der lokalen Gemeinschaften auf allen Ebenen des Waldmanagements anerkennen, werden in mehreren Fällen die Waldbewohner als Gefahr für den Naturschutz angesehen. Diese Vision wird von der Realität widerlegt, weil die Waldbewohner generell direkt verantwortlich dafür sind, daß die geschützten Gebiete – die Heimat und Quelle ihres Lebens sind – lebendig und intakt bleiben. Die Umweltschutzorganisation Sahabat Alam Malaysia (SAM) teilt die Bedenken und Ängste der Penan [Ureinwohner auf Borneo; Anm. d. A.], daß deren Gebiete von der Regierung zu Waldreservaten erklärt werden. SAM ist der Meinung, daß die Ernennung von großen Flächen von Land und Wäldern, die auch Stammesgebiete einheimischer Gemeinschaften umschließen, zu Waldreservaten oder geschützten Wäldern gänzlich die Rechte der indigenen Gemeinschaften mißachtet und gegen das Gesetz verstößt. Außerdem würden die Ureinwohner dadurch die Kontrolle über ihre Gebiete und ihre eigene Zukunft verlieren. In den meisten Fällen sind in Sarawak Waldreservate und geschützte Wälder alles andere als Naturschutzgebiete: Sie werden an Tropenholzunternehmen weitergegeben oder dienen anderen ‹Entwicklungsprojekten›. Wenn diese Wälder tatsächlich dem Naturschutz dienen sollen, dann sollte dies nicht zur Vertreibung der einheimischen Gemeinschaften von ihren angestammten Gebieten führen.»

Der Text basiert auf der Pressemitteilung «Penans appeal to Sarawak government to respect native claims» der malaysischen Umweltschutzgruppe Sahabat Alam Malaysia vom 23. Mai 2000.

## Surinam

«Die Europäer und später alle Leute aus dem Westen verwandten die Bezeichnungen ‹wild› und ‹Wildnis› für alles, was sie nicht kontrollieren können. Die indigenen Völker, die sie während ihrer Entdeckungsfahrten nach Amerika, Asien, Afrika, Australien und in die Arktis trafen, waren ‹wild›, die Küsten waren ‹wild›, die Wälder waren ‹wild›. Indigene Völker sind stolz wild zu sein, wenn dies bedeutet, daß der Westen uns nicht kontrollieren und bestimmen kann. Für uns sind die Wälder und die Natur aber nicht ‹wild›, sie sind was sie sind, und wir haben Wege gefunden in ihnen und mit der Natur zu leben, als ein Teil von ihr. Natur ist etwas, das du nicht zähmen kannst. Was du tun mußt, ist Wege zu finden, das zu nutzen (nicht ausnutzen), was die Natur dir bietet. Die Wildnis ist keine Wildnis – im Gegenteil! Sie hat ihre Regeln wie jede Stadt oder Gesellschaft, sie hat ihre Routen und ihren Verkehr, Bewohner, Rangordnung, Regeln, Religion und Spiritualität, Heilmittel und Kuren, Bedrohungen und Gewalt, Friede, Sicherheit, Heiterkeit, Ruhe und Harmonie. Wenn diejenigen, die die Worte ‹wild› und ‹Wildnis› in einem negativen Sinn verwenden, für einen Monat oder länger in einem traditionellen Dorf lebten, sie würden bald anders denken und sehen, wer und was exakt wild ist.»

Max Ooft, Secretary External Relations, Organisatie van Inheemsen in Suriname (OIS),

*(Organization of Indigenous Peoples in Suriname), Johannes Kingstraat 7, Paramaribo, Surinam, Tel. +597 811632 / 465398, Fax +597 440930 / 499139, oisur@sr.net ; ooftmax@sr.net*

*Interview mit dem brasilianischen Journalisten und Ricardo Arnt über Medien, Ökologie und Indios. Ricardo Arnt – er war in den achtzigerer Jahren Redakteur beim Nachrichtenmagazin «Jornal Nacional» des größten brasilianischen Fernsehsenders Rede Globo und veröffentlichte mehrere Bücher, z.B über die Atompolitik Brasiliens oder über den Umweltkonflikt in Amazonien – ist einer der Gründer des «Instituto Socio-ambiental». Die in Sao Paulo ansässige Nichtregierungsorganisation sammelt und dokumentiert alle zugänglichen Berichte und Informationen über die indigenen Völker Brasiliens und ihren Konflikt mit dem Eindringen der Kultur der «Weißen». Inzwischen arbeitet er als Redakteur bei der populärwissenschaftlichen Zeitschrift «Superinteressante», die gemeinsam mit dem Nachrichtenmagazin «Veja» zum brasilianischen Medienkonzern Editora Abril gehört.*

Suchanek: Die brasilianischen Medien berichten zunehmend von Indianervölkern, die ihren Regenwald zerstören und ihn von Holzfirmen und Goldsuchern ausbeuten lassen. Zeigt dieses Bild die Wirklichkeit in Amazonien?

Arnt: Einige der Berichte sind wahr. Aber es gibt rund 200 verschiedene Indianervölker in Brasilien. Was in den Medien passiert, ist eine Verallgemeinerung, die einfach nicht stimmt. Die allergrößte Mehrheit der Indios lebt noch weitestgehend im Einklang mit der Natur, ohne die Ressourcen zu zerstören. Wenn man über Amazonien fliegt und noch unzerstörten Regenwald sieht, dann deshalb, weil dort noch Indianer ohne intensiven Kontakt mit der Welt der Weißen leben. Aber es gibt freilich auch die Tucanos, die seit 1910 christianisiert sind. Es ist ein sehr mächtiges Volk, das einst die Nachbarvölker versklavt hat. Heute kontrollieren die Tucanos die FUNAI (staatliche Indianerschutzbehörde) in der Region und beuten ihr Land nach Gold aus.

Suchanek: Was auch die Kayapós in Südostamazonien tun...

Arnt: Die Kayapós, die bereits vor mehr als zwei Jahrzehnten zum Kontakt mit den Weißen gezwungen wurden. Sie haben das System der Weißen, nämlich Geld zu machen, adoptiert. Einfach aus dem Grund, weil sie nicht mehr auf die Produkte der westlichen Welt wie Kleidung, Autos, Fernseher oder Flugzeuge verzichten wollen. Aber auch hier heißt es zu differenzieren. Es gibt mehr als 20 verschiedene Kayapó-Stämme. Einige lassen Goldgräber für sich arbeiten, andere beuten ihre Edelhölzer aus. Gleichzeitig gibt es Kayapó-Gruppen, die über ein enormes Wissen über die Natur verfügen und dies nutzen. Sie kultivieren beispielsweise mehr als 50 verschiedene Maniok-Sorten oder kennen und nutzen rund 70 verschiedene Bienenvölker. Wahr ist aber auch, daß es kein Kayapó-Dorf ohne Fernseher gibt, und daß etliche junge Frauen egal welcher Hautfarbe in Belém (Großstadt an der Amazonasmündung) einen Kayapó heiraten wollen, einfach weil sie viel Geld haben. Doch nun nehmen die Medien das Bild der reichen Kayapó-Häuptlinge und benutzen es, um den «häßlichen» Indianer zu zeigen.

Suchanek: Würden Sie sagen, daß es seit einiger Zeit eine regelrechte Kampagne gegen die Ureinwohner in Brasilien gibt.

Arnt: Es gibt auch immer noch positive Berichte über die Indios, gerade in den regionalen Zeitungen im Süden. Aber was die großen, führenden Medien betrifft, würde ich sagen, ja: da ist zur

Zeit eine Tendenz gegen die Ureinwohner. Das sollte jedoch im Grunde als eine Aktion gegen die Mystifizierung der Indios verstanden werden. Das fing bereits mit der Rio 92 an. Mitten hinein in die Umweltkonferenz der Vereinten Nationen platzte Veja (das brasilianische Nachrichtenmagazin) mit einem haarsträubenden Bericht über den Häuptlingssohn Paulino Paiakan. Während zur gleichen Zeit im US-amerikanischen Magazin «Parade» Paiakan auf der ersten Seite groß als «Der Mann, der Welt rettet» abgebildet wurde, brachte Veja das totale Gegenteil. Paiakan auf der Titelseite als Betrüger und Vergewaltiger.

Suchanek: Was nicht stimmte?

Arnt: Paiakan ist quasi ein Symbol der Mystifizierung der indigenen Völker als «Umweltschützer» und «edle» Naturmenschen in den 70er und 80er Jahren, an der die brasilianischen Medien auch mitgewirkt hatten. Die indigenen Völker Brasiliens errangen in dieser Zeit große Siege und das Recht auf die Festlegung, Demarkierung, ihrer Stammesgebiete. Aber die Indianer sind keine geborenen «Naturschützer» oder «Übermenschen». Die Welt ist nicht Schwarz-Weiß, sondern grau. Und nun ist die Stimmung umgeschlagen. Die Indianer machen lediglich 0,02 Prozent der Bevölkerung aus, besitzen aber inzwischen zehn Prozent des brasilianischen Territoriums. Viele Brasilianer meinen jetzt, daß die Indianer einfach bereits zuviel Land haben. Nun, das ist nicht meine Meinung. Ich würde den Indianern die zehn Prozent zugestehen, zum einen, weil sie dies zum Überleben, das heißt zum Überleben ihrer Kultur brauchen. Und zum anderen, weil ihnen ja ursprünglich das ganze Land gehörte. Aber die Stimmung in Brasilien ist eben nicht so, vor allem im rechten Lager.

Suchanek: Und deshalb gab es die Demontage des Symbols Paiakan im brasilianischen Nachrichtenmagazin Veja.

Arnt: Der Veja-Bericht war wirklich schrecklich. Da wurden so viele ungeprüfte, teilweise rassistische Behauptungen aufgestellt, die einfach nicht wahr sind. Statt das dreckige Wasser aus der Badewanne zu gießen, schüttete Veja mit der Paiakan-Story das Kind mit dem Badewasser aus, auf die übelste Weise. Sicher, Paiakan ist weder ein großer Ökologe noch wird er die Welt retten können. Doch er versteht die weiße Gesellschaft, und zusammen mit der englischen Kosmetikfirma «Body Shop» hat er in seinem Dorf ein profitables Projekt zur nachhaltigen Regenwaldnutzung aufgebaut. Das Nachbardorf hingegen belächelt Paiakan und sagt: «Vergiß das Ganze, laß uns das Gold rausholen.»

Herr Arnt, vielen Dank für dieses Gespräch.

*Anmerkung: Das Interview führte ich 1995 in Sao Paulo. Zu dieser Zeit erschienen wieder in den brasilianischen und internationalen Medien gehäuft Berichte gegen die brasilianische Urbevölkerung, insbesondere gegen die Kayapó-Indianer. Offensichtliches Ziel der Medienkampagne war es, dem zunehmend in der Öffentlichkeit wahrgenommenen, mystischen Bild vom «Edlen Wilden», der von «Natur» aus für sein Umwelt kämpft, das Bild des «Häßlichen Wilden», der seine Heimat noch rücksichtsloser ausbeutet, als die «weißen» Brasilianer, entgegenzusetzen.*

## Adressen

Action Aid, Freepost BS 4868, Chard, Sommerset, TA 20 1BR, England, Internet: www.actionaid.org

AMAZON ALLIANCE FOR INDIGENOUS AND TRADITIONAL PEOPLES OF THE AMAZON BASIN, 1367 Connecticut Ave. NW, Suite 400, Washington, DC 20036-1860, tel (202)785-3334, fax (202)785-3335,
E-mail: amazon@amazonalliance.org
Internet: www.amazonalliance.org

Bruno Manser Fonds, (Regenwaldschutzorganisation, die sich besonders für die indigenen Völker Südostasiens einsetzt), Heuberg 25, CH-4051 Basel, Schweiz, Email: info@bmf.ch

Cimi – Conselho Indigenista Missionario, Brasilien, Email: cimi@embratel.net.br

Conservation International, 2501 M Street, NW, Suite 200, Washington, DC 20037 USA, TEL: 001 (202) 429-5660, FAX: (202) 887-0193,
Internet: www.conservation.org

Cultural Survivel, Direktor Ian MacInthosh, Email: imcintosh@cs.org

ECOTERRA International., Madrid/Paris/London/Cassel, ECOTERRA – FIRST PEOPLES & NATURE FIRST, To subscribe or unsubscribe just send a mail to WILDNET **@ecoterra.net,**
24 h EMERGENCY RESPONSE PHONE LINE: +254-733-633-000
Anmerkung: Ecoterra verbreitet Nicht-mainstream-Informationen zu den Themen indigene Völker und Naturschutz

Gesellschaft für Bedrohte Völker / Society for Threatened Peoples, Dptm. Indigenous Peoples, P.O. Box 2024; D-37010 Goettingen,
ph. +49-(0)551-4990618; fax +49-(0)551-58028,
email: indigene@gfbv.de
Internet: wwww.gfbv.de

Glen Barry, President, Project of Forests.org, Inc.,
Email: grbarry@students.wisc.edu
Forest Networking a Project of Forests.org, Inc., Internet: http://forests.org/ – Forest Conservation Portal, http://forests.org/links/ – Forest Conservation Links

Indigenous Peoples Council on Biocolonialism, P.O. Box 818, Wadsworth, NV 89442, Tel: (775) 835-6832, Fax: (775) 835-6934,
Email: ipcb@ipcb.org
Internet: www.ipcb.org

Indigenous Peoples' Secretariat (Canada) on the Convention on Biological Diversity, Place Vincent Massey, 9th Floor 351 St. Joseph Blvd. Hull, PQ K1A 0H3 Canada, Tel: 819.953.5819, Fax: 819.953.1765,
E-mail: tamara.dionnestout@ec.gc.ca

Instituto Socioambiental, Programa Brasil Socioambiental,
Email: marco@socioambiental.org

Mangrove Action Project, PO Box 1854, Port Angeles, WA 98362-0279, USA, phone/ fax (360) 452-5866,
email: mangroveap@olympus.net,
Internet: www.earthisland.org/map/map.html

Ogiek Welfare Council, Nakuru, Kenya, PO Box 12069 Nakuru Tel: 419021 (Nakuru)
email: ogiek@africaonline.co.ke
Anmerkung: Kenia will seit Jahren die Ogiek aus «Waldschutzgründen» aus ihrem Lebensraum umsiedeln. Die Ogiek wehren sich dagegen.

Organisatie van Inheemsen in Suriname (OIS) (Organization of Indigenous Peoples in Suriname), Max Ooft, Secretary External Relations, Johannes Kingstraat 7, Paramaribo, Suriname (South America), Tel. +597 811632 / 465398, Fax +597 440930 / 499139,
E-mail: oisur@sr.net; ooftmax@sr.net

Pro Regenwald, Froschammer Str. 14, D-80807 München, Fax 089-3596622

Project Underground, Supporting the human rights of communities resisting mining and oil exploitation, 1916A Martin Luther King Jr Way, Berkeley, CA 94703, TEL: +1 510 705 8981, FAX: +1 510 705 8983,
EMAIL: project_underground@moles.org,
Internet: www.moles.org

Rainforest Foundation, City Cloisters, 188-196 Old Street, London EC1V 9FR, United Kingdom,
E-Mail: rainforestuk@gn.apc.org

Rainforest Information Centre, Box 368, Lismore, NSW 2480, Australia.

Wild Wilderness, (Scott Silver), 248 NW Wilmington Ave., Bend, OR 97701,
e-mail: ssilver@wildwilderness.org,
Internet: www.wildwilderness.org

Survival International, 11-15 Emerald St, London WC1N 3QL, England,
E-mail: survival@gn.apc.org

Tebtebba Foundation at No. 1 Roman Ayson Rd., 2600 Baguio City, Philippines, Tel. No. (63) 74 4447703/(63) 74 4439459, Fax No. (63) 74 4439459,
E-mail: tebtebba@skyinet.net
Internet: www.tebtebba.org.
Anmerkung: Diese Organisation setzt sich international für die Rechte der indigenen Völker ein.

The Akha Heritage Foundation, PO BOX 6073, Salem OR 97304 USA,
Email: akha@loxinfo.co.th (Matthew McDaniel),
Internet: www.akha.org

The Rethinking Tourism Project, Protecting & Preserving Indigenous Lands and Cultures, P.O. Box 581938, Minneapolis, MN 55458-1938 USA, Saint Paul, MN Office Phone/Fax: 651-644-9984,

E-mail: RTProject@aol.com,
Internet: www.planeta.com/mader/ecotravel/resources/rtp/rtp.html

Third World Network, 228 Macalister Road, 10400 Penang, Malaysia, Fax -60-4-226 45 05

Tourism Investigation & Monitoring Team, (t.i.m.-team), PO Box 51, Chorakhebua, Bangkok 10230, Thailand, Fax -66-25-519.2821,
E-mail: tim-team@access.inet.co.th
Internet: www.twnside.org.sg/tour.htm.

Turtle Island Native Network, Aboriginal News & Information,
E-mail: infocom@pro.net
Internet: www.turtleisland.org

World Rainforest Movement (WRM), International Secretariat, Maldonado 1858, CP 11200, Montevideo, Uruguay, Fax +598 2 408 0762,
E-mail: wrm@wrm.org.uy,
Internet: www.wrm.org.uy

World Rainforest Movement (WRM), Oxford Office, Tel: 0044.1608.652.893,
Fax: 0044.1608.652.878,
EMail: wrm@gn.apc.org
Internet: www.wrm.org.uy,

Norbert Suchanek

**Ausgebucht**
***Zivilisationsfluch Tourismus***

Golf auf dem Kreuzfahrtschiff, Fotosafari in der Antarktis, Off-Road-Abenteuer im wilden Nordbrasilien – so gut wie nichts ist unmöglich in der «schönen neuen Welt» des Massentourismus... Also, alles klar auf dem «Luxusboot»?
Im Gegenteil, meint der Journalist Norbert Suchanek und faßt in diesem Buch die dunklen Seiten der «weißen Industrie» anschaulich zusammen: Reisekonzerne, die auf der Suche nach dem schnellen Profit rund um die Erdkugel ziehen. Einheimische, die von den Segnungen des Tourismus systematisch ausgeschlossen bleiben, zerstörte Landschaft und Tierwelt, Menschenrechtsverletzungen und Vertreibungen zum Wohle der Tourismuswirtschaft.
Besonderes Augenmerk legt der Autor auf aktuelle Tendenzen wie Golf- und All-Inclusive-Tourismus sowie auf den ökologisch und sozial verantwortbaren Urlaub der Zukunft.

144 Seiten boschur, mit zahlreichen Abbildungen, 22.80 DM, 11.80 Euro, ISBN 3-89657-573-2
Schmetterling Verlag

Bruce Rich

**Die Verpfändung der Erde**
***Die Weltbank, die ökologische Verarmung und die Entwicklungskrise***

Schechte Noten für ein halbes Jahrhundert «moderner» Entwicklungsbürokratie a la Weltbank, die pikanterweise hauptsächlich auf internen Dokumenten beruhen. Bruce Richs ebenso kenntnisreiches wie unterhaltsames Sachbuch wurde in den U.S.A. zum Bestseller.
Die umfangreiche Darstellung der Geschichte der Weltbank geht bis auf deren philosophische Wurzeln zurück und stützt sich in ihrer Detailkritik auf eine Fülle von Quellen, auf die der Direktor der US-amerikanischen Umweltorganisation Environmental Defence Fund Bruce Rich Zugriff hatte.
Die Übersetzung ist um ein Kapitel zur Ära Wolffensohn erweitert.

*«... eine ernsthafte Herausforderung für die Weltbank.»*
*Peter Bosshard in «Die Weltwoche»*

*«... der renommierteste Kritiker der Institution zieht Bilanz. Das Ergebnis ist verheerend.»*
*Petra Pinzler, Die Zeit*

456 S., engl. Broschur, 39.80 DM, 19.80 Euro, Register, ISBN 3-89657-571-6
Schmetterling Verlag